铠辉 编著

新

印象

After Effects

移动 UI 动效制作与设计精粹

NEW
IMPRESSION

人民邮电出版社
北京

图书在版编目（ＣＩＰ）数据

　新印象：After Effects移动UI动效制作与设计精粹/
铠辉编著. -- 北京：人民邮电出版社，2021.11
　ISBN 978-7-115-56794-9

　Ⅰ．①新… Ⅱ．①铠… Ⅲ．①图像处理软件 Ⅳ．
①TP391.413

　中国版本图书馆CIP数据核字(2021)第130885号

内 容 提 要

　这是一本关于 UI 动效制作技法的教程，主要介绍在 UI 设计完成后，如何使用 After Effects 来制作动效。

　全书内容以 After Effects 为基础，以 UI 设计成品为素材，通过技法讲解和实例操作的形式介绍了常见
UI 动效的制作方法，包括认识 UI 动效、After Effects 动效制作基础、UI 组件动效、常见的 UI 动效、常用
的动效制作脚本和电动车助手 App 动效实现等内容。为了帮助读者快速掌握 UI 动效制作技法，本书实例遵
循"UI 组件小效果→常见的 UI 效果→全套 UI 效果"的模式进行讲解。

　本书可供 UI 动效制作初学者、UI 设计师阅读和学习，也可作为高等院校数字艺术类、UI 设计类相关
专业的教材。

◆ 编　　著　铠　辉
　　责任编辑　王　冉
　　责任印制　马振武

◆ 人民邮电出版社出版发行　　北京市丰台区成寿寺路 11 号
　邮编　100164　电子邮件　315@ptpress.com.cn
　网址　https://www.ptpress.com.cn
　北京瑞禾彩色印刷有限公司印刷

◆ 开本：787×1092　1/16
　印张：12.5
　字数：335 千字　　　　　　　　2021 年 11 月第 1 版
　印数：1 – 2 500 册　　　　　　2021 年 11 月北京第 1 次印刷

定价：108.90 元

读者服务热线：(010)81055410　印装质量热线：(010)81055316
反盗版热线：(010)81055315
广告经营许可证：京东市监广登字 20170147 号

实例：制作实现功能变换的按钮

教学视频　实例：制作实现功能变换的按钮.mp4
学习目标　掌握PSD文件的导入方式、图层的变换操作和"阴影"效果的运用

第62页

实例：制作萌趣生动的开关

教学视频　实例：制作萌趣生动的开关.mp4
学习目标　掌握"位置"参数的设置方法和父级图层的运用

第67页

实例：制作列表的出现效果

教学视频　实例：制作列表的出现效果.mp4
学习目标　熟悉列表的运动原理和嵌套合成的运用

第78页

实例：制作查看相册图片效果

教学视频　实例：制作查看相册图片效果.mp4
学习目标　熟悉嵌套合成的使用技巧和运用方式，以及父级图层的使用方法

第83页

实例：制作列表页的毛玻璃效果

- ■ 教学视频　实例：制作列表页的毛玻璃效果.mp4
- ■ 学习目标　"高斯模糊"效果的使用、预合成结合蒙版的运用和蒙版的准确设置

第80

实例：制作图文卡片的展开动效

- ■ 教学视频　实例：制作图文卡片的展开动效.mp4
- ■ 学习目标　蒙版、父级图层、"阴影"效果和形状变化的综合使用

第86

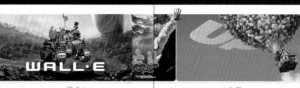

实例：制作拥有视差效果的轮播图

- ■ 教学视频　实例：制作拥有视差效果的轮播图.mp4
- ■ 学习目标　熟悉形状图层和"添加标记"命令的使用，以及多个合成的拼接方法

第90

实例：制作LOGO的切片动效

教学视频　实例：制作LOGO的切片动效.mp4
学习目标　掌握"时间置换"效果与预合成嵌套的运用

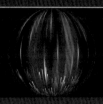

实例：制作科技感旋转球体

教学视频　实例：制作科技感旋转球体.mp4
学习目标　掌握"CC Sphere"效果及"内阴影""外发光"图层样式的运用

实例：制作水波纹加载球动效

教学视频　实例：制作水波纹加载球动效.mp4
学习目标　掌握"无线电波""置换图""高斯模糊"效果与合成嵌套的运用

实例：制作"高大上"的金属效果动效

教学视频　实例：制作"高大上"的金属效果动效.mp4
学习目标　掌握"动态拼贴""CC Blobbylize""勾画"效果的运用，以及"摄像机"功能的运用

实例：制作卡片式轮播图动效

- ■ 教学视频　实例：制作卡片式轮播图动效.mp4
- ■ 学习目标　了解复杂的合成嵌套，及其结合循环动画的运用

第120页

实例：制作酷炫的电流加载动效

- ■ 教学视频　实例：制作酷炫的电流加载动效.mp4
- ■ 学习目标　掌握"描边""发光""湍流置换"效果和"高级闪电"特效的运用，以及预合成的使用技巧

第123页

实例：制作有重力感的绳子动效

- ■ 教学视频　实例：制作有重力感的绳子动效.mp4
- ■ 学习目标　使用不同方法，通过路径、"操控点工具"和Motion 2插件制作绳子动效，并掌握多个父级图层的关联运用方法

第132页

实例：制作在睡觉的猫

教学视频　实例：制作在睡觉的猫.mp4
学习目标　掌握"钢笔工具"的使用技巧及其制作动画的方法，使用插件Auto Crop裁切合成尺寸

第140页

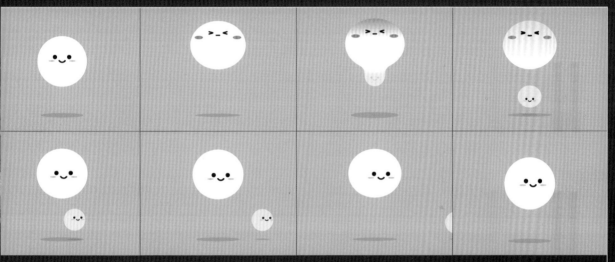

实例：制作"萌萌哒"小球的果冻动画

教学视频　实例：制作"萌萌哒"小球的果冻动画.mp4
学习目标　利用"高斯模糊"和"简单阻塞工具"效果实现"果冻"效果，使用形状图形配合极坐标来制作动画

第144页

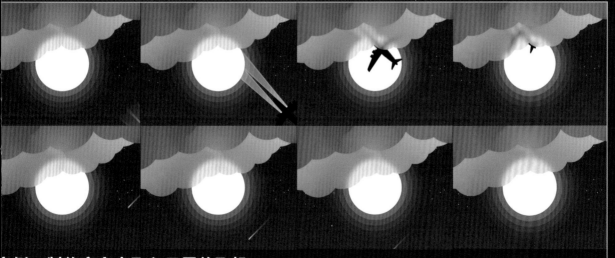

实例：制作夜空中飞入云层的飞机

教学视频　教学视频>CH04>实例：制作夜空中飞入云层的飞机
学习目标　掌握预合成和"高斯模糊"效果的制作方法

第150页

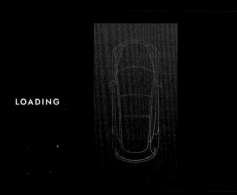

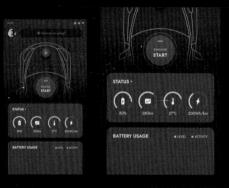

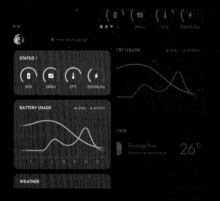

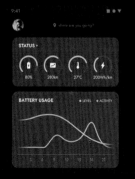
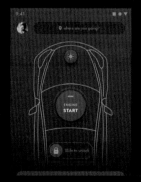

综合案例：电动车助手App动效实现

■ 教学视频 教学视频>CH06>综合案例：电动车助手App动效实现

■ 学习目标 使用切图、形状图层和合成等素材，结合图层效果与时间冻结等操作，进行动效制作

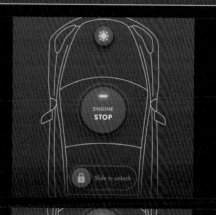

NTROL

CONTROL

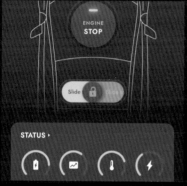

NTROL

CONTROL

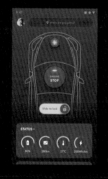

STATUS

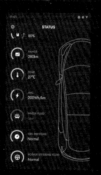

STATUS

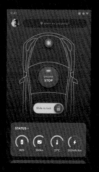

STATUS

前言

关于本书

　　UI动效是什么？它和UI设计是什么关系？在学习UI动效之前，需要先成为一名UI设计师吗？需要先掌握Illustrator和Photoshop吗？这是UI动效初学者通常会有的疑问。

　　本书主要目的是带领读者制作UI动效，而不是做UI设计。UI动效是在UI设计完成后，对UI设计进行动态效果的补充设计。通常来说，UI设计师是可以通过自主学习掌握UI动效制作技法的，非UI设计师也是可以制作UI动效的，这只是分工的问题。至于Illustrator和Photoshop这两款主流设计软件，虽然它们在UI动效制作中不是必须掌握的，但是了解它们会对制作有较大帮助。

本书内容

　　本书共分为6章。为了方便读者更好地学习，**本书所有操作性内容均配有教学视频。**

　　第1章：UI动效初相识，介绍UI设计和UI动效的概念，让读者厘清二者的关系，明确学习方向。

　　第2章：After Effects动效制作基础，介绍After Effects在UI动效制作中的常用工具，让读者快速掌握相关工具，避免学习一些对动效制作无用的工具。

　　第3章：从基本组件开始学习制作，介绍UI基本组件动效的制作方法，包括按钮、开关、菜单、列表、卡片、加载、进度条等，让读者掌握UI各种基本组件的动效情况。

　　第4章：将动效运用在UI设计中，介绍UI动效的效果类型，包括切片、旋转、水波纹、轮播、电流、液态、重力感、插画等类型。

　　第5章：常用的动效制作脚本，介绍常用的UI动效制作脚本，包括导出Lottie动画的扩展脚本（Bodymovin）、形状融合脚本（Shape Fusion）、图形动画脚本（Motion 2）和模拟触控点脚本（Touch Point Pro）。

　　第6章：电动车助手App动效实现，实现电动车助手App的主要UI动效部分，同时介绍复杂嵌套的使用和一些简单的剪辑制作方法，让读者在学习和工作中能够举一反三，对整个UI动效的制作先有一个基本思路，再进一步完成动效制作。

作者感言

　　非常感谢人民邮电出版社对我的认可，让我能以图书的形式将UI动效的制作知识分享给广大读者。本书从筹划到完成经历了很长的时间，希望能够通过每一点内容、每一个实例，帮助想要学习UI动效制作的读者。另外，也借此书总结我个人摸索出来的经验，帮助读者规避一些误区。动效是一种通过动画效果表达内容的设计，需要结合实际生活体验，我们才能设计出更精彩、实用的作品。最后，感谢妻子在背后的默默支持，感谢一路上为我答疑解惑的朋友、同事和编辑们。

导读

版式说明

实例索引: 帮助读者在学习资源中找到对应的文件,并根据需求来使用这些文件。

静帧展示图: 这是实例的最终效果,在书中采用静帧的方式展示,读者可以将其看成一段连贯的动作。

技巧提示: 在讲解过程中配有大量的技术性提示,帮助读者快速提升操作水平,掌握便捷的操作技巧。

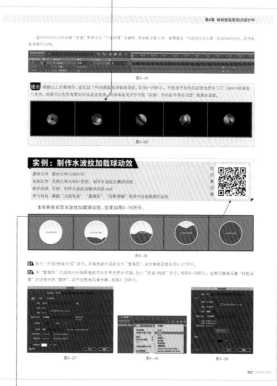

详细步骤: 图文结合的步骤介绍,让读者清晰地掌握制作过程和具体细节。

二维码: 动效的制作效果展示和在线教学视频,方便读者直观地观察实例的精彩效果,边学边练。

学习建议

在阅读过程中看到的"单击""双击",意为单击或双击鼠标左键。

在阅读过程中看到的"按快捷键Ctrl+C"等内容,意为同时按下键盘上的Ctrl键和C键。

在阅读过程中看到的"拖曳",意为按住鼠标左键并拖动鼠标。

在阅读过程中看到的加引号内容,意为软件中的命令、选项、参数或工具。

在阅读过程中会看到界面被拆分并拼接的情况,这是为了满足排版需要,不会影响学习和操作。

在学完某项内容后,读者可以用所学知识对优秀作品进行模仿,也可以搜集优秀的UI设计作品来进行二次创作。

另外,请读者注意,本书所有内容均采用After Effects CC 2018进行讲解。请读者使用相同或更高版本的软件学习。

资源与支持

本书由"数艺设"出品，"数艺设"社区平台（www.shuyishe.com）为您提供后续服务。

配套资源

素材文件： 所有实例的素材文件，用于动效制作。

实例文件： 所有实例的最终源文件，用于查看制作过程和最终效果。

教学视频： 书中所有实例的在线教学视频。

资源获取请扫码

在线视频

提示：微信扫描二维码，点击页面下方的"兑"→"在线视频+资源下载"，输入51页左下角的5位数字，即可观看视频。

"数艺设"社区平台，为艺术设计从业者提供专业的教育产品。

与我们联系

我们的联系邮箱是szys@ptpress.com.cn。如果您对本书有任何疑问或建议，请您发邮件给我们，并请在邮件标题中注明本书书名及ISBN，以便我们更高效地做出反馈。

如果您有兴趣出版图书、录制教学课程，或者参与技术审校等工作，可以发邮件给我们。如果学校、培训机构或企业想批量购买本书或"数艺设"出版的其他图书，也可以发邮件联系我们。

如果您在网上发现针对"数艺设"出品图书的各种形式的盗版行为，包括对图书全部或部分内容的非授权传播，请您将怀疑有侵权行为的链接通过邮件发给我们。您的这一举动是对作者权益的保护，也是我们持续为您提供有价值的内容的动力之源。

关于"数艺设"

人民邮电出版社有限公司旗下品牌"数艺设"，专注于专业艺术设计类图书出版，为艺术设计从业者提供专业的图书、视频电子书、课程等教育产品。出版领域涉及平面、三维、影视、摄影与后期等数字艺术门类，字体设计、品牌设计、色彩设计等设计理论与应用门类，UI设计、电商设计、新媒体设计、游戏设计、交互设计、原型设计等互联网设计门类，环艺设计手绘、插画设计手绘、工业设计手绘等设计手绘门类。更多服务请访问"数艺设"社区平台www.shuyishe.com。我们将提供及时、准确、专业的学习服务。

目录

第1章 UI动效初相识

第2章 After Effects动效制作基础

目录

第3章 从基本组件开始学习制作

3.1 按钮（Button）与开关（Switch） 60

3.2 菜单（Menu） 70

3.3 列表（List） 78

3.4 卡片（Card）和轮播图（Carousel） 83

3.5 加载（Loading）和进度条（Progress） 94

第4章 将动效运用在UI设计中

第5章 常用的动效制作脚本

目录

第6章 电动车助手App动效实现

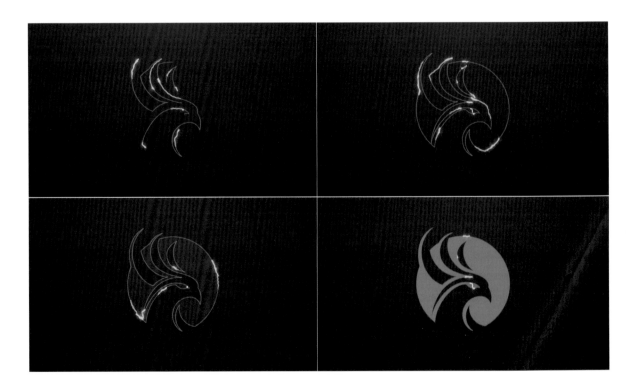

第 **1** 章 UI动效初相识

■ **学习目的**

　　本章主要介绍 UI 和 UI 动效的基础知识，目的是让读者对 UI 有深入的认识，同时了解 UI 的发展现状和未来发展趋势，了解 GUI 所应用的领域和如何制作优秀的 GUI，以帮助读者更好地学习并适应 UI 的发展。本章还将介绍学习 UI 动效前所需要掌握的基础知识，只有掌握 UI 动效的制作目的、原则和方法，才能更好地将其应用到实际的制作和开发中。

1.1 UI简介

本节主要介绍UI的相关概念、发展现状、未来趋势、应用领域，并向读者展示优秀的UI设计作品，帮助读者快速了解UI设计行业，为UI动效制作打下行业基础。

1.1.1 什么是UI

UI是User Interface的缩写，也就是用户界面。UI将系统内部的信息转换为用户能够理解的内容，同时也承担着系统和用户之间进行交互和信息交换的任务。

简单来讲，UI的设计目的是使用户能够方便、高效地操作相关软件，与硬件设备达成互动，从而控制设备去完成工作，如图1-1和图1-2所示。因此UI存在于人类与机器信息交流的领域，其中包括移动应用、网页、智能穿戴设备和车载设备等。同时，UI也是随着设备的不断升级而不断创新和演变，因此UI设计师也必须不断地学习和理解新的知识，才能立足于行业。

图1-1 　　　　　　　　　　　　　　　　　　　　　　　图1-2

本书主要围绕移动端App的UI来实现动效制作，并且尽量使UI动效能够运用到实际开发中，将优秀的界面动效设计与人机交互的创新相结合。

1.1.2 发展现状及未来

本小节主要介绍UI的发展史和未来的发展趋势，帮助读者认识UI行业的发展情况，从而为今后的职业做好合理的规划。

▶ 发展现状

UI的历史可以追溯到批处理界面。发展至今，图形用户界面（Graphical User Interface，GUI）已经成为常见的用户界面，它由触摸的操作方式和图形的可视化UI组成，可以让用户方便、高效地操作软件来完成工作。

在GUI中，计算机的画面上会显示窗口、图标、按钮等不同图形，以表示不同操作，用户可以通过鼠标指针对其进行选择。苹果公司推出的Macintosh计算机成为第一款使用GUI和鼠标来取代命令行界面，并获得商业成功的个人计算机，如图1-3所示。

图1-3

如今UI已由原本的打孔卡、开关按钮等传统介质逐渐演变到用手指、触控笔等直接触摸显示屏来进行各种操作，包括智能手机、自动取款机、智能穿戴设备、车载系统设备和游戏机等。图1-4所示为用户正在操作智能穿戴设备HoloLens（微软公司开发的一种混合现实头戴式显示器）。

与此同时，在工业中传统按钮面板进化到了可触控的人机交互界面，其能够帮助工人更加简便、准确和高效地完成机械操作，使机械发挥最大效能并延长使用寿命，如图1-5所示。

图1-4

图1-5

▲ **未来趋势**

随着5G的发展和普及，UI会具备更为真实的虚拟现实互动能力。可以从近几年很热门的虚拟现实（Virtual Reality，VR）、增强现实（Argumented Reality，AR）和全息技术等产品中观察到，UI除了传统的触摸方式，还有体感操作方式。图1-6所示为用户正在体验VR设备。

图1-6

1.1.3 UI的应用领域

就目前而言，UI的应用领域主要包含以下3个，本书着重介绍移动应用与网页领域。

移动应用与网页： 它们是构成网站、个人计算机和移动设备的基本元素，是承载着各种内容的媒介，也是日常生活和工作中经常使用的工具。

工业： 越来越多的触控屏幕取代机械式的按钮面板，借助手指或触控笔可以更加高效地完成复杂的操作。

娱乐： 常见的游戏主机、媒体播放机就像一台计算机，其通过一些简单的操作按钮让机器与用户产生趣味互动。图1-7所示为用户通过游戏手柄操控游戏。

图1-7

1.1.4 什么才是优秀的UI

一款优秀的UI不仅应该外观精美、效果绚丽，还要考虑到表意、布局排版、操作习惯、动画效果、响应时间和一致性等问题。图1-8所示为UI的示意草图，其展示了图标的功能、操作的效果、动态变化过程等内容。

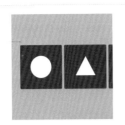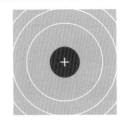

图1-8

表意准确清晰： 这是UI设计的基础要求，即传递的信息要明确，尽量减少用户在体验过程中的学习成本，符合用户在各类平台的操作习惯；建议使用统一的图标标识、辅助文字、颜色含义、语言语法，使用户不必借助其他工具或信息源即可直接操作。

布局排版合理： 这是UI设计的重要一环，布局的合理化即遵循用户从上到下、从左到右的浏览习惯，将层级接近、常用的功能按键安排在合理的网格区域，不可过于分散；另外，排版的合理化少不了界面的简洁化，即将不常用的功能区块隐藏，使用户专注于内容，避免用户产生体验上的困难和乏味感，力求提高软件的易用性。

符合操作习惯： 设计GUI的时候要遵守一定的设计规范，例如有下画线的字符代表"附有超链接"，×代表"关闭"，这样不仅能节省文字描述，还能让用户在使用时有熟悉感，且便于操控；值得注意的是，在进行一些不可逆操作时要提示用户，并让用户进行二次确认，或者提前告知用户该操作的后果，这是为了避免操作习惯带来的"误操作"。

动画效果恰当： 当用户进行操作时，元素会出现在屏幕上或发生变化，此时相应的动效会通过反馈和相关的过渡行为来吸引用户的关注或保持用户的使用连贯性，这是本书的重点内容。

响应时间适中： 系统响应时间应适中，过长会让用户感到不适，过短则会影响用户的操作节奏，甚至导致错误的操作；待处理信息的弹窗提示一般停留2~5秒，对于长时间的处理应该加入进度条，并在完成时给予相应的反馈，这也是本书中会用到的知识点。

保持一致性： 不仅要保持界面风格在视觉上的一致性，还要以用户体验为中心，保证相同的操作在不同平台和设备上的一致性，并能达到预期效果。

1.2 UI动效

UI动效会基于用户行为提供智能的反馈，并展示系统的组织架构和功能。UI动效可以在系统内部的信息与用户之间建立联系，引导用户在界面中的视觉焦点，提示用户完成操作后产生的结果，从而有效地指导用户了解元素间的等级和空间关系，同时忽略系统内部正在处理的过程。本节主要介绍UI动效的相关概念和设计原则。

1.2.1 UI动效很重要

UI动效的动画效果是由界面中的元素移动和变化来表现的，而元素的移动和变化则是建立在现实物理世界中自然运动的基础上，我们要从现实世界中总结运动规律并吸取灵感。这样做的目的是让实现的效果更符合我们的认知，我们也更容易了解屏幕上的元素之间的交互和影响。图1-9所示为元素移动的动画轨迹效果。

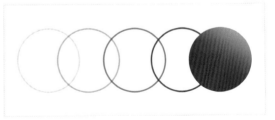

图1-9

优秀的UI动效应该具备以下4个特征。

功能性： 能准确显示界面元素之间的空间和层次关系，让用户的注意力集中在重要的内容中，减少其他元素的干扰。

敏捷性： 对用户的操作做出快速、准确的响应，避免用户过度等待。

自然性： 运动符合真实的物理规律，通过流畅的运动打造真实的体验。

连续性： 简洁明了的动效要保持连贯和统一，引导用户在正确的时间聚焦于正确的位置，并做出正确的操作。

1.2.2 UI动效的设计原则

本小节主要介绍UI动效的设计原则，为后面的UI动效制作技术的学习打下良好的理论基础。通常，UI动效的设计原则可以归纳为以下5条。

◤ 明确的层级关系

界面元素之间通过动效来显示彼此的关系，可以在界面中向用户提供导航功能。例如，在短信界面中，用户点击一条短信，会打开短信的详细内容，这时为短信项与短信详细内容的切换过程增加一个展开的过渡动画，会让用户产生一种"打开（信件）查看"的体验。对于应用界面中常见的Tabs组件，可以通过点按或者滑动来切换页面，给用户展示同一层级中不同种类的内容。图1-10和图1-11所示为iTunes界面中"最新音乐"和"播放列表"展示的不同种类的内容。

图1-10　　　　　　　　　　　　　　　　图1-11

◤ 及时的操作反馈

UI动效需要提供及时的反馈和用户操作状态。例如，在解锁屏幕时通过键盘输入密码，当密码错误时界面会有抖动效果并显示"再试一次"的提示语，如图1-12所示，当密码正确时则会流畅进入手机桌面。用户在长按并拖曳桌面的应用图标时，图标悬浮效果会让用户预知该操作的后果，这与日常生活中拿起物品进行整理摆放的体验一致，如图1-13所示。

◤ 实用的用户引导

为用户操作提供有用的建议和引导。例如，在浏览商品页面时，选择一个商品加入购物车后，界面会有一个物品滑入购物车的动效，引导用户明白商品的去向和购物车的位置。iOS的锁屏界面中会出现提示语"按下主屏幕按钮以解锁"，这同样也起到了引导用户操作的作用，如图1-14所示。

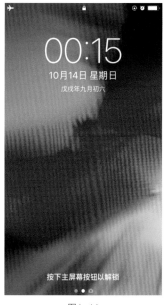

图1-12　　　　　　　　图1-13　　　　　　　　　　　　　　　　图1-14

元素的变化过渡

从动效的角度可将界面中的元素分为3类。

过渡元素： 在执行一个操作后进入或退出屏幕。

变化元素： 在执行一个操作时有完整的变化过程。

静态元素： 在界面中始终不会变化。

针对过渡元素和变化元素，应该给予它们过渡和变化时的连续性。

有趣的品牌个性

给平淡的UI界面赋予个性化的动效，不仅能够增加对用户的吸引力，而且能够更直接有效地让用户记住品牌形象，增加用户的黏性，并让品牌在用户之间更具传播性。图1-15所示为移动应用上发送评论时可选的动态表情。

图1-15

1.2.3 UI动效制作的要点

UI动效的本质是动态效果，也就是一段动画。这就涉及3个要点，即速度、时长和缓动。

速度

速度指元素在移动或变化时的可察觉速度，用户可以通过移动或变化的持续时长来感知速度，也可以通过移动距离或缓动来感知速度。合适的速度可以帮助用户跟踪UI的变动，从而让用户更清晰地认识界面和功能。

在处理速度时应该避免用户经历过长的等待，当系统需要一定的时间处理数据时，可以考虑加入简短的过渡动效，注意速度不宜过快，以防用户不理解当前操作，甚至误解为程序出错。

时长

时长指元素移动或变化持续的时间，制作UI动效时应根据移动距离、物体的速度和变化来调整动效的时长，通常以500毫秒为基准，因为这是用户能直观感知的最长变化时长。下面介绍两种常见的时长。

· 当元素在离开屏幕或移动距离较短、面积变化较小时，使用的动效时长一般为75~150毫秒。这样能够呈现出非常快速和流畅的方向反馈，且不会分散用户的注意力。

· 当元素在进入屏幕或移动距离较长、面积变化较大时，使用的动效时长一般为300~500毫秒。这样可以在元素移动或变化的过程中留有充足的时间，且不会让用户觉得很突兀。

缓动

缓动指元素在过渡时的加速和减速。这如同现实世界中，所有物体不会立即开始快速地移动，也不会立即停止移动，这是因为受到重力和摩擦力等力的影响，因此没有缓动的过渡看起来会僵硬或机械。在实际制作中可以用缓动曲线来表现这种效果，缓动曲线可以反映元素的速度、不透明度和缩放程度。缓动曲线可以分为3类：标准缓动曲线、减速缓动曲线和加速缓动曲线。

标准缓动曲线： 元素在刚开始时缓慢加速，中间以较快的速度过渡，最后缓慢减速到目标位置，如图1-16所示。

减速缓动曲线： 元素以较快的速度进入屏幕，接着缓慢减速到目标位置，如图1-17所示。

加速缓动曲线： 元素以越来越快的速度离开屏幕，并且在完全离开屏幕前都不会减速，如图1-18所示。

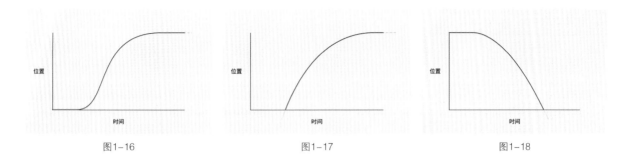

图1-16 图1-17 图1-18

1.2.4 过渡效果

过渡效果能够引导用户在应用中的各个页面进行浏览,让用户明白页面之间的关系。页面过渡可以帮助用户清楚当前是处于页面层次结构的顶部,还是正在同级页面之间切换,抑或是处于更深层的页面中。过渡效果以平稳、不间断的方式引导用户的注意力,元素在移动或变化之间会体现出其位置或形状变化的连续性。过渡效果通常有以下3种。

▶ 渐变

元素随着时间的推移而无缝地变形或者变化。例如,在点击一个按钮时,通过补间动画将其变成一个卡片,如图1-19所示;又如在打开一个应用开关时,通过补间动画使原本的白色背景变为紫色背景,如图1-20所示。

图1-19 图1-20

▶ 消失

元素随着时间的推移而淡化直至透明,无论元素是否具有中间状态,都应该创建平滑的消失过渡。例如,溶解是在完全重叠的元素之间创建的平滑过渡,前景元素淡出消失以显示其背后的元素;交叉溶解也是在完全重叠的元素之间创建的平滑过渡,不同的是前景元素在淡出消失的同时背后元素会淡入显示。淡出/淡入是在两个内容完全不同的元素之间创建的过渡,在元素完全淡出消失后另一个新的元素会淡入显示。

▶ 转化

元素在同一个区域中发生变化时,可以通过同步旋转的过渡来增强连续性。例如,在点击一个按钮时,按钮上的图案突然变化会分散用户注意力,甚至会让用户以为系统出现了卡顿,这时候加入一个同步旋转的过渡会显得更为自然,如图1-21所示。

图1-21

1.2.5 自定义动画

图标和插画等自定义动画效果，可以为用户体验增添亮点和趣味性。图标动效大致可分为系统图标动效、产品图标（LOGO）动效和插图动效。

▶ 系统图标动效

系统图标动效拥有巧妙的动态细节，它们让用户获得更优秀的交互体验，并且可以提供一些特定功能。例如，点击菜单图标可以将其平滑转换成关闭图标，如图1-22所示。当再次点击时会转换回来。这个动效既告知用户图标代表的功能，又给用户带来极为动感的交互体验。

图1-22

▶ 产品图标动效

产品图标（LOGO）动效一般会在应用被打开时呈现出优雅且惊艳的效果，起到欢迎用户的作用，同时也减弱了用户等待应用加载的乏闷感，如图1-23所示。

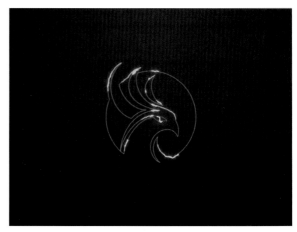

图1-23

▶ 插图动效

使用插图动效可以为用户带来愉悦的心情。在图片和插画中巧妙使用动画，可以为用户带来更有趣的体验。例如，在等待应用做一些较长时间的处理时，让吉祥物或者简单的卡通造型重复做出一些有趣的动作，可以消除用户等待时所产生的急躁心情，如图1-24所示。

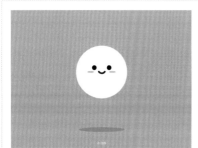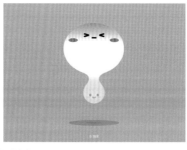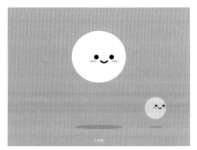

图1-24

第 2 章　After Effects 动效制作基础

■ 学习目的

　　工欲善其事，必先利其器。在制作 UI 动效之前，应该先熟悉 After Effects 的基础知识，为后面的学习打好基础。After Effects 是一款非常强大的创作动态图形和视觉效果的设计软件，因此除了本书涉及的内容之外，读者还可以深入学习 After Effects 的其他知识。

2.1 认识After Effects界面

After Effects简称AE，是Adobe公司开发的一款用于创作动态图形和视觉效果的设计软件，其应用范围覆盖了电影、电视、视频和Web内容等，是高效制作动态影像设计不可或缺的工具。

After Effects经过多个版本的迭代更新，已使得任何人都可以使用个人计算机配合After Effects创作精彩的动画效果，如图2-1所示。拥有强大的合成技术使得After Effects支持多个图层，并能方便地导入Adobe公司另外两款软件Illustrator和Photoshop的图层文件，同时还支持各类插件，使得设计师能更加快速地完成酷炫的动画效果。

| CS3 | CS4 | CS5 | CS6 | CC 至 CC 2014 | CC 2015 至今 |

图2-1

2.1.1 认识基本的面板

After Effects的应用领域广且功能强大，下面介绍After Effects界面及其相关操作方法，After Effects界面如图2-2所示。

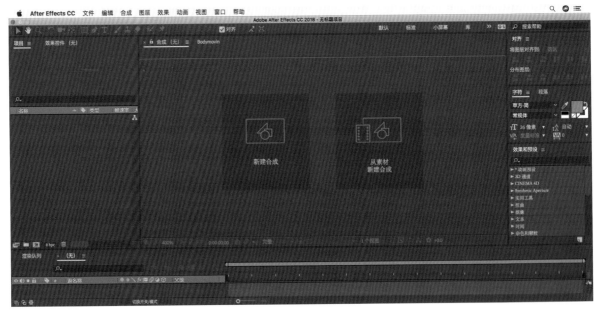

图2-2

▌工具栏

在设计制作过程中经常使用的工具都放置在工具栏中，工具栏方便我们快速地选取或设置一些内容，从而提高我们的工作效率。图2-3所示的工具栏中有制作After Effects动效的各类工具，这些工具主要控制合成中的素材和形状等，下一小节将为读者详细介绍工具栏中常用的工具。

图2-3

"项目"（素材）面板

与Premiere等视频剪辑软件一样，After Effects也具有用来放置各类素材的"项目"面板，如图2-4所示。在"项目"面板中可以导入并放置各种图片、视频等素材，并且能够用文件夹的形式整理素材，面板的上部分可以预览素材的内容。在后面的章节中，会为读者详细介绍导入素材的方法。

图2-4

时间轴面板

时间轴面板如图2-5所示。与我们常用的Photoshop、Sketch等设计软件一样，After Effects也具有图层的概念，我们可以给图层设置各类参数，以达到素材变形、位置变化等效果。配合时间轴（又称时间线、进度条等）的使用，强大的After Effects会自动为两个关键帧之间填充补间动画，使得素材能平滑地进行变形和位移。

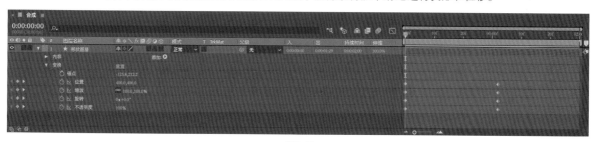

图2-5

"合成"（预览）面板

拖曳时间轴面板中的"当前时间指示器"或按空格键，可以实时预览合成的动画效果，如图2-6所示。上下滚动鼠标中键可以控制预览画面显示的比例，也可以在"合成"面板左下角来控制缩放比例，如图2-7所示。使用下一小节所介绍的工具栏中的缩放工具，可以准确地实现局部放大的功能。

图2-6

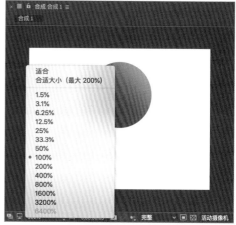

图2-7

▲ "效果和预设"面板

在这个面板中可以方便快速地查找、使用和创建After Effects中的各类效果和预设,使用面板上方的搜索栏可以通过关键词快速查找所需要的效果或预设,如图2-8所示。

图2-8

▲ "效果控件"面板

在给图层添加效果后,"效果控件"面板中会列出所应用的效果,读者可以在这更改效果相关参数,如图2-9所示。

图2-9

▲ "对齐"面板

该面板提供了水平靠左对齐、水平居中对齐、水平靠右对齐、垂直靠上对齐、垂直居中对齐和垂直靠下对齐的图层对齐功能,以及垂直靠上分布、垂直居中分布、垂直靠下分布、水平靠左分布、水平居中分布和水平靠右分布的图层分布功能,如图2-10所示。

当选择合成中的单个图层时,仅能够相对合成来进行图层对齐;当选择两个图层时,可以根据需要选择对齐面板右上角的选项,如图2-11所示,能相对合成或两个图层所在选区来进行图层对齐;当选择3个及3个以上的图层时,能相对合成或这些图层所在选区来进行图层对齐或图层分布,如图2-12所示。

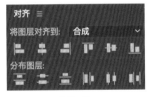

图2-10

图2-11

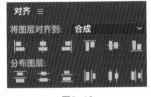

图2-12

▲ "字符"面板与"段落"面板

在编辑或选择文本图层时,可以在"字符"面板中设置文本中字符的字体、字号、字间距和行距等相关参数,也可以在"段落"面板中设置文本中段落的对齐方式、缩进和段前段后空格间距等相关参数,如图2-13所示。

图2-13

▲ "渲染队列"面板

当完成动画效果的制作后,在菜单栏中执行"合成>添加到渲染队列"命令,如图2-14所示,然后设置好相关参数,便可以将制作好的合成导出为视频文件等,如图2-15所示。在后面的章节中会为读者详细介绍渲染前参数的设置与导出的方法。

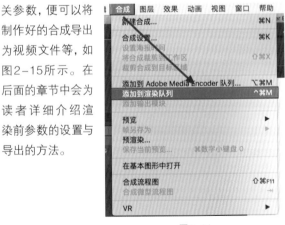

图2-14

图2-15

2.1.2 工具栏中常用的工具

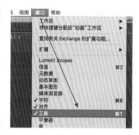

工具栏通常位于After Effects操作界面的顶部，如图2-16所示。如果在界面中没有找到工具栏，可以在菜单栏中执行"窗口>工具"命令，对"工具"命令进行勾选，即可显示工具栏，如图2-17所示。

图2-16

图2-17

▶ 选取工具

"选取工具" ▶又称"选择工具"，快捷键为V。使用该工具可以在"合成"面板中选择素材，按住鼠标左键并同时拖曳鼠标即可移动选择的素材，如图2-18所示。在合成的空白处（非素材区域）单击鼠标右键，可以显示关于合成和预览的操作命令，如图2-19所示。在"合成"面板中的素材上单击鼠标右键，可以显示关于该素材的设置命令，如图2-20所示。

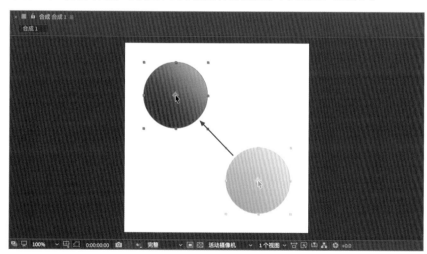

图2-18   图2-19   图2-20

▶ 手形工具

"手形工具" ✋又称"抓手工具"，快捷键为H；按住空格键或鼠标中键在任何地方都可以暂时激活。在"合成"面板中使用该工具可以拖曳合成在面板中的位置，也可以在列表类的区域上下拖曳列表。

▶ 缩放工具

"缩放工具" 🔍的快捷键为Z。在"合成"面板中单击鼠标左键可以放大所单击的可视区域；按住鼠标左键并同时拖曳鼠标，则可以放大框选的可视区域，如图2-21所示。按住Alt键（macOS为Option键）可以激活"缩小工具"，此时在"合成"面板中单击鼠标左键即可缩小可视区域,如图2-22所示。

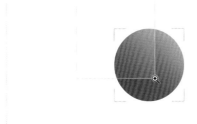

图2-21

图2-22

■ 旋转工具

"旋转工具" 的快捷键为W。在"合成"面板中选择素材,拖曳鼠标可以旋转选择的素材;在旋转素材的时候按住Shift键,可以让素材以45°为基本单位进行增量旋转。

■ 向后平移工具

"向后平移(锚点)工具" 的快捷键为Y,使用该工具可以移动素材的中心锚点,如图2-23所示。

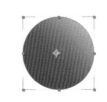

图2-23

■ 蒙版/形状工具组

"蒙版/形状工具组" □□○○☆的快捷键为Q,连续按Q键可以循环切换矩形、圆角矩形、椭圆、多边形和星形选区形式。在选择素材(除"形状图层"素材)的情况下,拖曳鼠标即可建立该素材的蒙版,如图2-24和图2-25所示。在合成的空白处或在"形状图层"素材上,按住鼠标左键并拖曳鼠标即可建立形状图层。

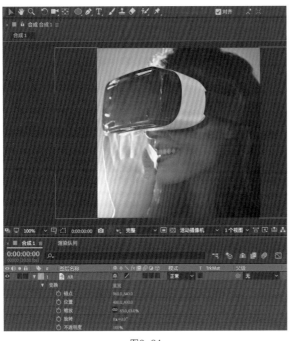

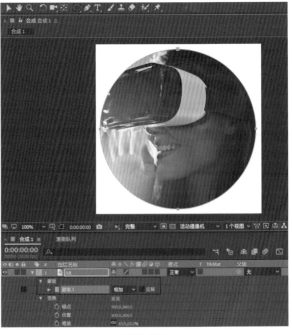

图2-24

图2-25

◤ 钢笔工具

"钢笔工具" ◢的快捷键为G。使用该工具可以在合成的空白处或在"形状图层"素材上勾勒出封闭的图形来进行绘图，如图2-26所示；也可以勾勒出线条，以此作为素材的运动路径，如图2-27和图2-28所示。

图2-26

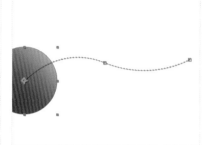

图2-27

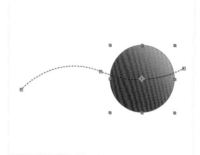

图2-28

除此之外，在选择素材（除"形状图层"素材）的情况下，勾勒出封闭的图形，可以建立该素材的蒙版，如图2-29和图2-30所示。

图2-29

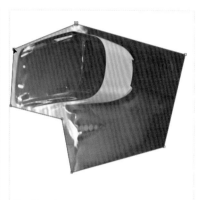

图2-30

◤ 文字工具组

"文字工具组" T T的快捷键为Ctrl+T（macOS为Command+T），连续按快捷键Ctrl+T可以循环切换横排和竖排的排版方式。另外，在"合成"面板中的任一位置单击鼠标左键，即可激活文字工具并输入文字内容。

◤ 操控工具组

"操控工具组" ◢ ◢ ◢的快捷键为Ctrl+P，连续按快捷键Ctrl+P可以循环切换操控点工具、操控叠加和操控扑粉功能。使用"操控工具组" ◢ ◢ ◢可以通过给素材添加操控点来制作流畅的变形动效。图2-31和图2-32所示为给人偶的各个关节添加控制点，实现对人偶动作的控制。

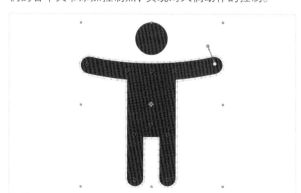

图2-31

图2-32

2.1.3 导入素材的方法

素材是UI动效必不可少的元素，下面介绍素材的导入方法。

第1种： 在"项目"面板的空白处双击，打开"导入文件"对话框，选择所需导入的素材，单击"打开"按钮 打开 ，如图2-33所示。

第2种： 在"项目"面板的空白处单击鼠标右键，在弹出的快捷菜单中执行"导入>文件"命令，如图2-34所示，即可导入所需素材。

图2-33

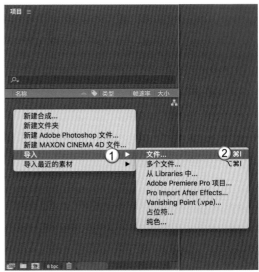

图2-34

第3种： 在菜单栏中执行"文件>导入>文件"命令，即可导入所需素材，如图2-35所示。

第4种： 按快捷键Ctrl+I，打开"导入文件"对话框，选择相应素材文件即可导入所需素材。

第5种： 将需导入的素材直接拖入"项目"面板，即可完成导入，如图2-36所示。

图2-35

图2-36

2.1.4 导入PSD/AI/Sketch文件的方法

下面介绍导入PSD、AI和Sketch文件的具体方法。

▶ 导入PSD格式的文件

按照上一小节的方法，当将PSD格式的文件导入After Effects时，会出现设置弹窗。

素材

当"导入种类"为"素材"时，可以把PSD文件当作图片素材导入。当设置"图层选项"为"合并的图层"时，导入时会把PSD文件中所有图层进行合并，作为图片素材导入，如图2-37所示。

当设置"图层选项"为"选择图层"时，即可选择PSD文件中的单个图层作为图片素材导入。这时可以选择"合并图层样式到素材"，即把PSD文件中选择的图层的图层样式合并后导入；也可以选择"忽略图层样式"，即舍弃PSD文件中选择的图层的图层样式后再导入。另外，读者还可以根据需要设置"素材尺寸"，如图2-38所示。

图2-37　　　　　　　　　　图2-38

合成

当设置"导入种类"为"合成"时，可以把PSD文件当作合成导入，PSD文件的图层与After Effects的合成的图层一一对应。当设置"图层选项"为"可编辑的图层样式"时，可以将PSD文件中的图层样式保留并导入；当设置"图层选项"为"合并图层样式到素材"时，PSD文件中每个图层的图层样式会合并后再导入，如图2-39所示。

图2-39

合成-保持图层大小

当设置"导入种类"为"合成-保持图层大小"时，与"导入种类"为"合成"相比，此时的文件导入After Effects后，会保持合成中每个图层的尺寸与PSD文件中的图层大小一致。根据需要完成导入后，可以查看PSD文件导入后的合成，如图2-40所示。

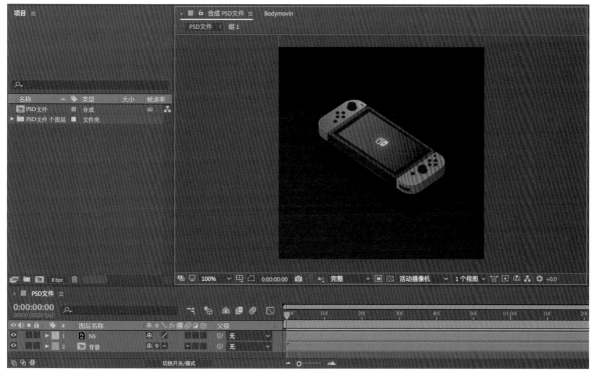

图2-40

导入AI格式的文件

步骤如下。

01 在导入AI格式的文件前，需要在Illustrator中选择文件中的所有的元素，并单击鼠标右键，然后执行“取消编组”命令，如图2-41所示。

02 在“图层”面板中选择一个图层，然后单击面板右上角的菜单按钮，并执行“释放到图层（顺序）”命令，如图2-42所示。将该图层下的所有子元素都变为子级图层，如图2-43和图2-44所示。

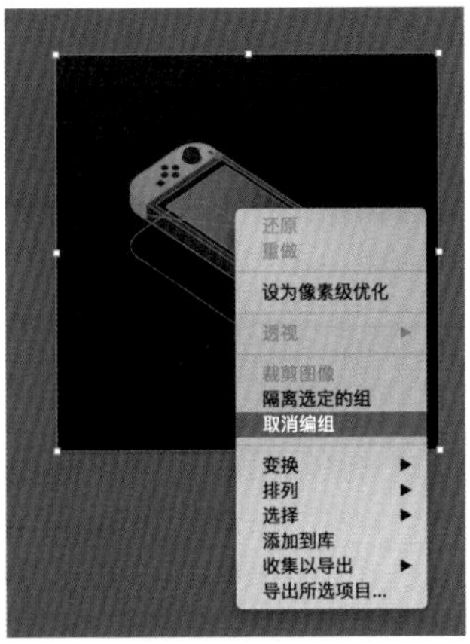

图2-41

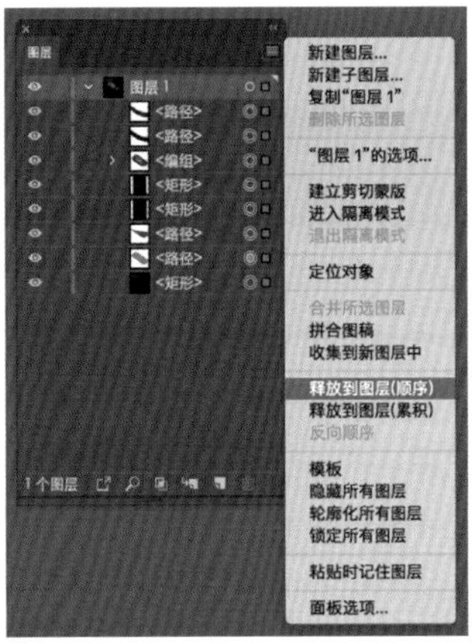

图2-42

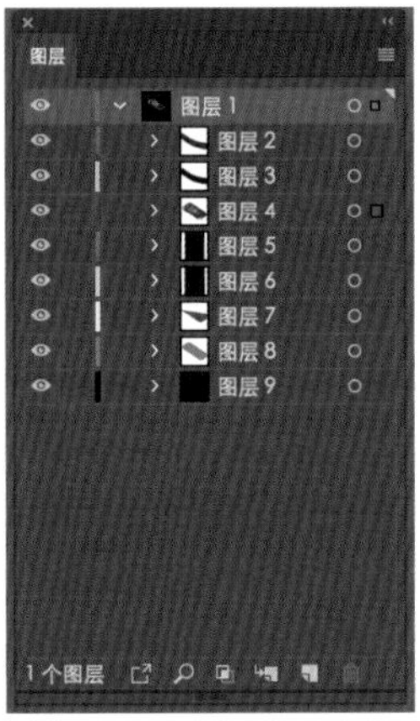

图2-43

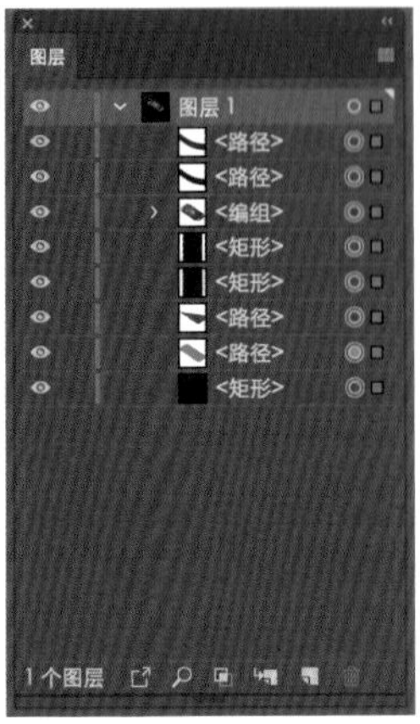

图2-44

03 选择这些子级图层并向下拖曳，使其不再是子级图层，并删除空白的图层，如图2-45和图2-46所示，完成操作后保存AI文件。

04 将AI格式的文件导入After Effects，在“导入文件”对话框中，将“导入为”设置为“合成-保持图层大小”，然后单击“打开”按钮 打开 即可完成导入，如图2-47所示。

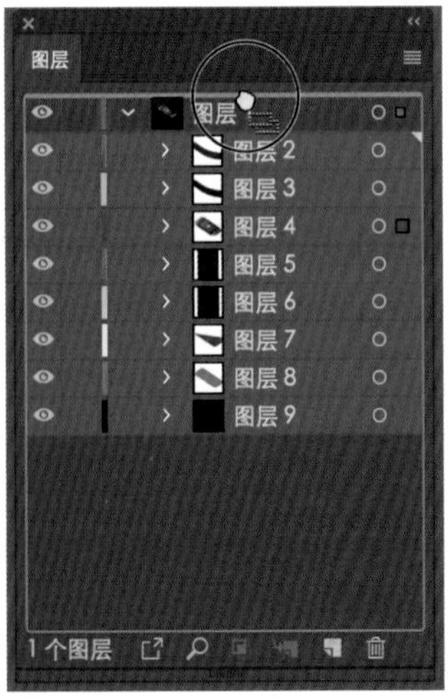

图2-45

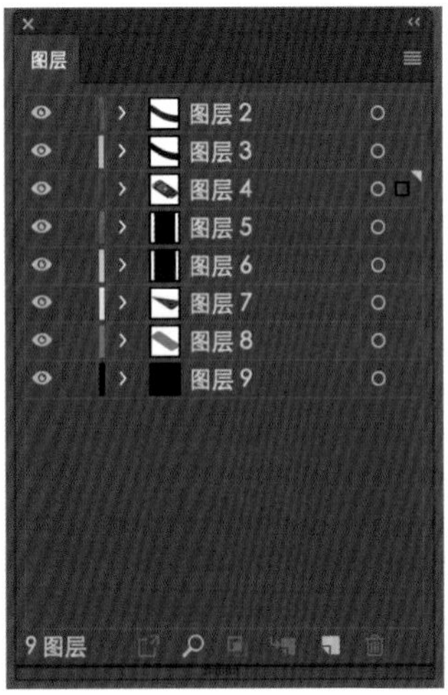

图2-46

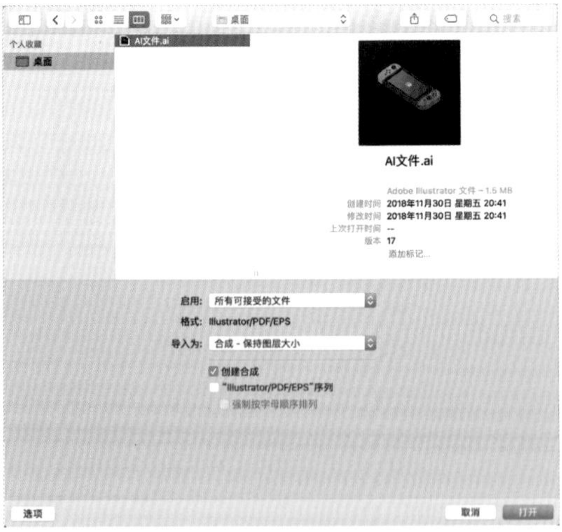

图2-47

导入Sketch格式的文件

在Sketch中制作完成的界面需要导出切图才能导入After Effects中作为素材使用，这一过程不仅十分烦琐，还需要重新对素材进行排版。为了解决这一问题，可以使用插件Sketch2AE。步骤如下。

01 在官网下载插件Sketch2AE的安装包，然后解压安装包，双击Sketch2AE.sketchplugin文件，即可完成对Sketch2AE插件的安装，如图2-48所示。

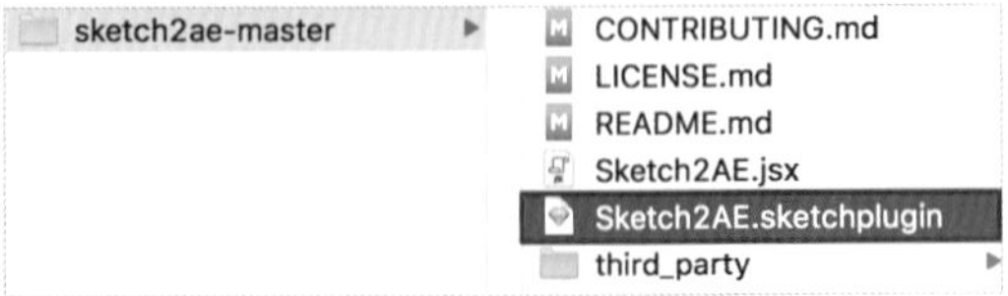

图2-48

02 将Sketch2AE.jsx文件放入目录Applications/Adobe After Effects/Scripts/ScriptUI Panels中,如图2-49所示。

提示 读者也可以在"实例文件>CH02>导入PSD、AI和Sketch文件的方法"中找到Sketch2AE的安装包,按以上步骤直接安装。

图2-49

03 安装完以上插件后便可以将Sketch文件一键导入After Effects中,如图2-50和图2-51所示。设置步骤如下。

设置步骤

①在Sketch文件中选择需要导出的画布或画布中的元素后,在菜单栏中执行"Plugins>Sketch2AE>Copy Selected Layers"命令,打开After Effects,在"Sketch2AE"插件面板中选择导入时使用"一倍""二倍"或"三倍"的尺寸,再单击"Paste layer data from clipboard"按钮 。

②打开Import layers from Sketch对话框,按快捷键Command+V粘贴图层数据,然后单击"Build Layers"按钮 即可完成导入。

图2-50

图2-51

提示 如果在界面中没有找到"Sketch2AE"插件面板,可以在菜单栏中执行"对话框>Sketch2AE.jsx"命令,激活面板。除了上述方法,也可以在Sketch文件中选择需要导出的画布或画布中的元素,在菜单栏中执行"Plugins>Sketch2AE>Save Selected Layers"命令,此时图层数据会导出一份名为SketchExport.sktchae的文件和相对应的切图,接着打开After Effects,并在"Sketch2AE"插件面板中选择导入时的尺寸,再单击"Open layer data from.sktchae file"按钮 ,如图2-52所示。这时候会弹出"Open a Sketch2AE file"对话框,选择_SketchExport.sktchae文件,如图2-53所示,稍作等待即可完成导入。

图2-52

图2-53

2.1.5 出现红条提示的处理方法

观察图2-54所示的界面,当底部出现红条提示时,会禁用刷新视图,即按空格键进行预览时会出现黑屏。出现这个情况的原因是键盘处于大写锁定状态。读者只需按Caps Lock键切换回小写状态即可恢复正常。

图2-54

2.2 认识合成

After Effects的合成（缩写为Comp）类似于Premiere中的序列或Flash中的影片剪辑，用于放置素材、加工素材和导出素材，如图2-55所示。

图2-55

合成中可以放置视频和音频素材项目、动画文本和矢量图形、静止图像，以及光之类的组件等多个图层。每个合成均有各自的时间轴，并且合成中的每个图层均可设置各自的空间和时间安排。因此合成也可以用于加工素材，每个合成在"项目"面板中都有一个条目，双击合成条目可以在时间轴面板中打开合成。

简单的项目可能只有一个合成，但复杂项目可能包括数百个合成，它们用于加工大量的素材或多个效果。在处理复杂项目时，可以通过嵌套合成（将一个或多个合成置于其他合成中）的方式来组织项目，也可以通过选择任意数量的图层来创建预合成，方便后期对素材的加工或效果的调整，在后面的小节中会详细介绍合成的嵌套功能。

2.2.1 新建合成

下面介绍合成的方法。

01 在菜单栏中执行"合成>新建合成"命令，如图2-56所示。读者也可以按快捷键Ctrl+N新建合成。

02 根据单个素材来创建合成。将素材拖曳到位于"项目"面板底部的"新建合成"按钮上，如图2-57所示；或在菜单栏中执行"文件>基于所选项新建合成"命令，如图2-58所示。After Effects会根据素材的尺寸大小、比例和特性自动创建相匹配的合成。

图2-56　　　　　图2-57　　　　　图2-58

03 根据多个素材创建单个或多个合成。在"项目"面板中选择多个素材，将选择的素材拖曳到位于"项目"面板底部的"新建合成"按钮上，或在菜单栏中执行"文件>基于所选项新建合成"命令，根据需要在弹出的"基于所选项新建合成"对话框中选择"单个合成"或"多个合成"，并设置对应的其他参数，如图2-59所示，完成合成的创建。

04 通过选择任意数量的图层来创建预合成。在合成的时间轴面板中选择图层，在菜单栏中执行"图层>预合成"命令或按快捷键Ctrl+Shift+C，在弹出的"预合成"对话框中输入新合成名称并选择相关选项，如图2-60所示，完成预合成的创建。

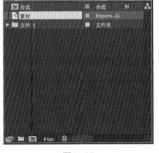

图2-59　　　　　图2-60

2.2.2 合成的设置和操作

根据上一小节的方法创建的合成均可在"项目"面板中查找到，如需要重新修改合成的分辨率、时长或背景颜色等参数，可以按照以下方法打开"合成设置"对话框来进行更改。步骤如下。

01 在"项目"面板中选择某个合成或激活某个合成的时间轴面板，然后在菜单栏中执行"合成>合成设置"命令，如图2-61所示，也可以按快捷键Ctrl+K。

02 在"项目"面板或合成对应的时间轴面板中（注意不是在图层上），使用鼠标右键单击（macOS为按住Control键单击）某个合成，然后在弹出的快捷菜单中执行"合成设置"命令，如图2-62所示。

图2-61

图2-62

打开的"合成设置"对话框如图2-63所示。常用的设置是合成的帧大小（"宽度"和"高度"）、"帧速率"、时长（"持续时间"）和"背景颜色"等。需要注意的是，最大的合成大小为30000px×30000px，最长的合成持续时间为3小时。

如需复制合成，可以在"项目"面板中选择合成，在菜单栏中执行"编辑>复制"命令，如图2-64所示，也可以按快捷键Ctrl+D。

图2-63

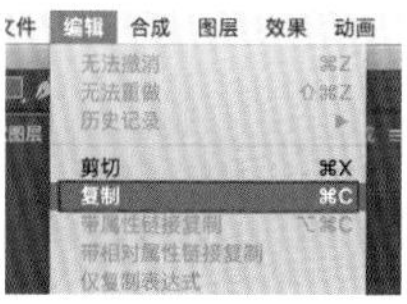

图2-64

2.2.3 合成的嵌套功能

After Effects的合成的嵌套功能十分强大，使用合成嵌套，不仅能够创造出许多复杂的效果，还方便进行调试和修改。在前面小节所介绍的预合成创建，可以理解为是对合成内的某些图层进行分组，这样便可以形成新的嵌套合成，如图2-65和图2-66所示。当然也可以将项目中现有的合成添加到其他合成中来进行嵌套，就如同将其他任何素材添加到合成中的方法一样。

图2-65

图2-66

嵌套合成有时也可称为预合成，当预合成在合成中作为图层时，该图层称为预合成图层，预合成图层和其他图层一样，也可以添加"变换"参数和调整图层顺序等。

2.3 学习基本操作技巧

After Effects中的图层是构成合成的基本元素，可根据需要使用一个或多个图层来创建合成。After Effects图层类似Premiere中的轨道，但与之的区别在于，After Effects中的图层只能是一个素材项目——一张图片素材、一个影片素材或一段文字素材等，一个Premiere中的轨道通常包含多个剪辑（即素材项目）。

After Effects中的图层可以是基于导入的素材项目——图片、影片和音频的视频或音频图层；也可以是After Effects内创建的图层，例如，摄像机、光照、调整图层和空对象等执行效果的图层，以及纯色图层、形状图层和文本图层等可视的图层，当然，还可以是之前介绍的预合成图层，如图2-67所示。

图2-67

在修改图层的参数或给图层添加效果时，不会影响其源素材，也不会影响非关联的其他图层，因为这个特性，After Effects变得十分强大和灵活。网上有许多After Effects模板也是利用这个特性，只要替换对应的素材文件或修改合适的可视图层，即可快速制作出满意的动画效果。

After Effects图层在时间轴面板中对图层的操作类似Photoshop，即可以更改图层在图层顺序中的位置，以及图层的开始时间、持续时间等任何参数，如图2-68所示。

图2-68

2.3.1 蒙版

After Effects的蒙版用来修改图层属性、效果和属性的路径，每个图层可以包含多个蒙版。常见的操作是用闭合路径的蒙版修改图层的Alpha通道，以控制图层的透明度。开放或闭合的蒙版路径可用于描边、路径文本或音频波形等效果；闭合的蒙版路径可用于填充、涂抹或改变形状等效果。

◤ 蒙版的操作

· 在时间轴面板中选择形状图层后，使用"形状工具组" ▢▢▢○☆ 来绘制蒙版，或使用"钢笔工具" ⬛ 来绘制任意蒙版路径。

· 若要将选择的蒙版剪切或复制并粘贴，可以执行"编辑>剪切"或"编辑>复制"菜单命令，然后选择需要粘贴蒙版的图层，执行"编辑>粘贴"命令。若选择的是蒙版而不是图层，则粘贴操作将替换所选择的蒙版。

· 若要删除某个蒙版，可以在时间轴面板中选择需删除的蒙版，并按Delete键；若要删除所有的蒙版，可以在时间轴面板中选择包含这些蒙版的图层，并执行"图层>蒙版>移除所有蒙版"菜单命令。

◤ 蒙版的模式

下面介绍蒙版的模式效果。

无：蒙版对图层的Alpha通道没有直接影响，如图2-69所示，因此要使用蒙版路径作为形状路径时，可使用这个模式。

相加：将蒙版添加到位于它上方的蒙版中，如图2-70所示。

图2-69

图2-70

相减：将蒙版从位于它上方的蒙版中减去，如图2-71所示。

交集：将蒙版与位于它上方的蒙版的相交重叠的部分合并，使其成为新的蒙版，如图2-72所示。

图2-71

图2-72

变亮：将蒙版添加到位于它上方的蒙版中，当有多个蒙版相交时，就使用最高透明度值，如图2-73所示。

变暗：将蒙版添加到位于它上方的蒙版中，当有多个蒙版相交时，就使用最低透明度值，如图2-74所示。

差值：使蒙版与位于它上方的蒙版不重叠的部分成为新的蒙版，如图2-75所示。

图2-73

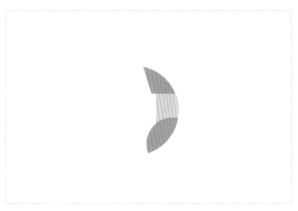

图2-74

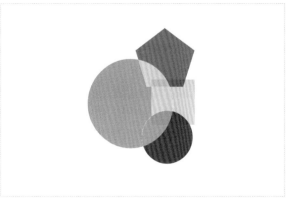

图2-75

2.3.2 轨道遮罩

简单来说，轨道遮罩能使一个图层透过另外一个图层的形状显示出来。在合成中把文本图层作为图像图层的轨道遮罩，图像仅透过文本图层的形状显示出来，如图2-76所示。如果改变文本图层的透明度，图像图层所显示部分的透明度也会随之改变，如图2-77所示。

图2-76

图2-77

轨道遮罩只能应用于位于下方的一个图层，如图2-78所示。如果需要将轨道遮罩应用于多个图层，可将这多个图层进行预合成，使其成为一个预合成图层，如图2-79所示。除此之外，还可以将作为轨道遮罩的图层进行拆分，制作出所要的效果，如图2-80所示。

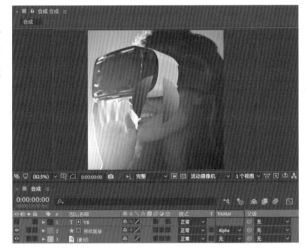

图2-78

图2-79

图2-80

通过设置遮罩图层的"位置"参数，使遮罩图层能够发生位移，这样的遮罩称为移动遮罩。要将图层转换为轨道遮罩，可以在时间轴面板中调整好图层的位置，将需要作为遮罩图层的图层设置在需要显示的图层的上方。在需要显示的图层的TrkMat菜单中选择合适的选项，如图2-81所示，即可为轨道遮罩定义透明度。

图2-81

重要参数介绍

◇ Alpha 遮罩：Alpha通道像素值为100%时不透明。

◇ Alpha 反转遮罩：Alpha通道像素值为0%时不透明。

◇ 亮度遮罩：像素的亮度值为100%时不透明。

◇ 亮度反转遮罩：像素的亮度值为0%时不透明。

> **提示** 在时间轴面板中找不到TrkMat菜单时，可以在时间轴面板的左下角，单击"展开或折叠'转换控制'窗格"按钮，即可显示出TrkMat菜单，如图2-82所示。
>
>
>
> 图2-82

2.3.3 父级关联

当一个图层成为另一个图层的父级之后，在变换该图层的"位置""缩放""旋转"或"方向"的参数时，另一个图层也会随之做同样的改变。注意，图层只能有一个父级，但可以拥有任意数量的子级图层，如图2-83所示。

图2-83

要将图层设置为另一个图层的子级图层时，可以打开时间轴面板中的"父级"菜单，选择另一个图层作为父级图层，如图2-84所示。

除此之外，读者也可以通过拖曳的方式来设置父级图层。单击并按住"螺旋曲线"按钮，将其拖曳到需要作为父级图层的图层上方，松开鼠标即可完成设置，如图2-85所示。

图2-84

图2-85

如果图层本身已设置了"变换"的参数，那么当它成为子级图层时，它已设置的参数依旧会继续变换，同时也会受父级图层的影响，如图2-86和图2-87所示。

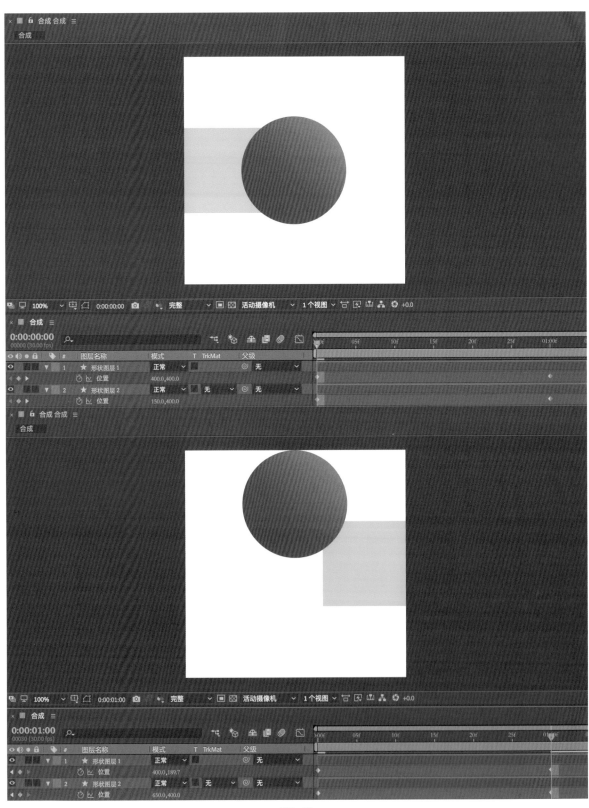

图2-86

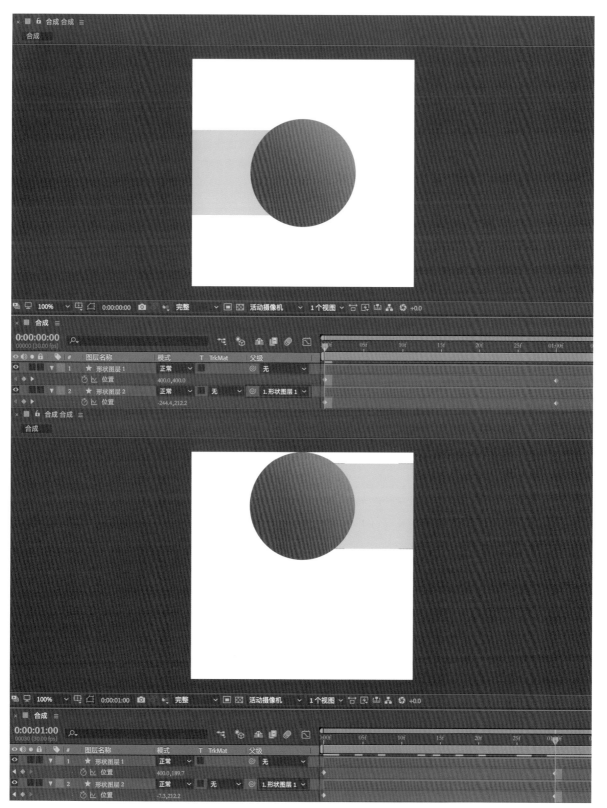

图2-87

2.3.4 其他图层操作

下面介绍图层的混合模式和图层样式。

混合模式

After Effects中图层的混合模式控制着图层与它下面的图层如何混合,多数混合模式通过修改图层的颜色值来实现混合效果。每个图层都具有混合模式,但无法通过使用关键帧来更改混合模式,因此要在合成中的某一时间段内要改同一图层的混合模式,只能通过分段设置不同混合模式的方法来制作动画效果。

如果要更改图层混合模式,可以在时间轴面板中的"模式"下拉列表框中选择混合模式,如图2-88所示,当然也可以在菜单栏中执行"图层>混合模式"命令。

图2-88

> **提示** 在时间轴面板中找不到"模式"下拉列表框时,可以在时间轴面板的左下角单击"展开或折叠'转换控制'窗格"按钮,如图2-89所示。

图2-89

图层样式

After Effects提供了各种图层样式用来更改图层的外观。在前面介绍了导入文件的内容之后,我们知道在导入包括图层的PSD文件作为合成时,After Effects可以保留可编辑图层样式,或将图层样式合并到素材中,但是在After Effects中只能添加和修改一些图层样式的参数。

将合并的图层样式转换为可编辑图层样式

选择需要转换的图层,然后执行"图层>图层样式>转换为可编辑样式"命令,如图2-90所示。

图2-90

添加图层样式到所选图层中

选择需要添加的图层,然后执行"图层>图层样式"命令,接着从子菜单中选择合适的图层样式,如图2-91所示。

图2-91

删除所选图层中的某个图层样式

在时间轴面板中展开所选图层的图层选项,选择需要删除的图层样式,按删除键。若要删除所选图层中的所有图层样式,可以执行"图层>图层样式>全部移除"命令,如图2-92所示。

图2-92

2.4 图层类型和效果预设

本节主要介绍图层的类型和效果预设,请读者掌握相关作用和含义,以便在UI动效制作过程中能合理地运用它们。

2.4.1 视频和音频图层

从计算机中向After Effects中导入的素材项目,包括静态图像、动态图像、影片和音频等软件所支持的格式文件,可单独作为视频和音频图层,这是较为常用的图层类型,如图2-93所示。

图2-93

2.4.2 文本图层

顾名思义,文本图层就是用来放置文本的图层,它可作为动画标题、字幕、UI界面中的文本或动态文本等。在After Effects中能为整个文本图层或单个字符的属性设置动画。文本图层是矢量图层,在缩放图层或改变文本字体大小时会始终保持清晰,如图2-94所示。另外,因为After Effects支持Unicode字符,所以可以在任何文本编辑器和主流的图形动画制作软件中,将文本直接复制和粘贴到文本图层中。

图2-94

2.4.3 纯色图层

以纯色素材项目为对象，创建后会自动存储在"项目"面板中的"纯色"文件夹中。与其他素材项目一样，可以调整其参数，也可以对其添加蒙版。纯色图层可以作为复合效果的控制图层的基础，也可以为背景着色，如图2-95所示。

图2-95

2.4.4 灯光图层

灯光图层是能创建光照并更改光照设置的图层，灯光图层可用于照亮3D图层并产生投影，而且能匹配合成于场景中，创建更有趣和更为真实的视觉效果，如图2-96所示。

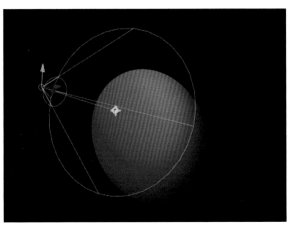

图2-96

2.4.5 摄像机图层

摄像机图层是能创建摄像机并更改摄像机设置的图层，摄像机图层可以从任何角度和距离查看3D图层，还可以通过设置摄像机图层的景深模糊、镜头平移等参数，来获得类似现实中的摄像机的体验，如图2-97所示。

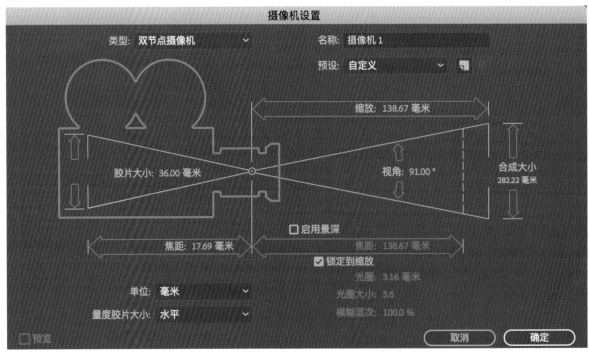

图2-97

2.4.6 空对象图层

空对象图层是具有所有参数的不可见图层，通常把它作为父级图层控制子级图层的位置变化等，且不会遮挡住子级图层，可以利用这一特性制作出图层较多且较为复杂的动画效果。

2.4.7 形状图层

可以通过"形状工具组"或"钢笔工具"在"合成"面板中创建形状图层。形状是矢量图形对象，包含路径、描边和填充等默认参数。可以使用"工具"面板或时间轴面板中的"添加"菜单来添加形状属性，并对形状进行修改和调整，如图2-98所示。

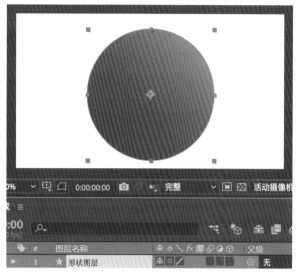

图2-98

2.4.8 调整图层

调整图层是可以设置任何效果的不可见图层。在时间轴面板中，当一个或多个图层位于调整图层之下时，这些图层会受到调整图层的影响，应用与调整图层相同的效果；当这些图层位于调整图层之上时，则不会受到影响。

2.4.9 3D图层

在After Effects中的3D图层本质还是2D图层，如图2-99所示，但相比2D图层又多了"位置""锚点""缩放""方向""X 轴旋转""Y轴 旋转""Z 轴旋转"和"材质选项"等特殊参数。

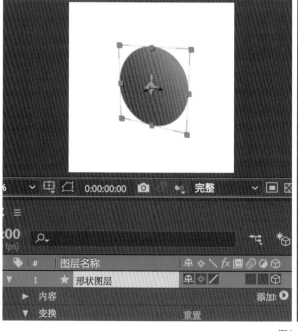

图2-99

要将图层转换为3D图层，可以在时间轴面板中选择需要转换的图层，然后单击"3D图层切换"按钮■，如图2-100所示。若要将文本图层转换为3D图层，可以在时间轴面板中执行位于该图层的"动画"菜单中的"启用逐字3D化"命令，或直接在菜单栏中执行"动画>动画文本>启用逐字3D化"命令。

图2-100

执行"视图>显示图层控件"命令可以选择显示或隐藏3D轴和图层控制，在"合成"面板中x轴为红色、y轴为绿色、z轴为蓝色，如图2-101所示。

设置步骤

①选择要进行转动的3D图层，选择"旋转工具"■。

②从"旋转工具"■的"设置"菜单中选择"方向"或"旋转"，对3D图层进行实时的转动操作，如图2-102所示。

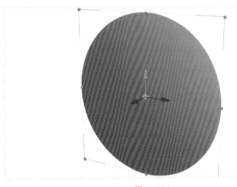

图2-101

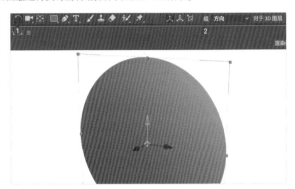

图2-102

2.4.10 效果和预设的添加与使用

After Effects拥有多种效果，可将其应用到图层，以添加或修改静止图像、视频和音频的效果或特性。After Effects的动画预设用于保存图层和动画的特定参数——包括关键帧、效果和表达式。动画预设通常包含多个效果组合和"变换"参数等。

在前面的小节中介绍过通过"效果和预设"面板能查找、使用和创建各类效果和预设。要将效果或预设应用到单个图层，可把需要添加的效果或预设从"效果和预设"面板拖曳至时间轴面板、"合成"面板或"效果控件"面板中的图层上，如图2-103所示。若要将效果或预设应用到多个图层，可先选择图层，然后双击"效果和预设"面板中的效果或预设。还可以在时间轴面板或"效果控件"面板中选择效果，执行"编辑>复制"命令，然后选择需要相同效果的图层，再执行"编辑>粘贴"命令。

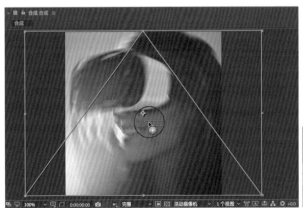

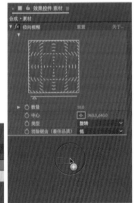

图2-103

在效果应用到图层后，可以暂时禁用该效果，禁用不会删除效果及其所创建的关键帧，所有关键帧仍然会保留在图层中，这可以方便我们在制作动效的时候调节其他的效果或参数。若要暂时禁用效果，可在"效果控件"面板或时间轴面板中选择图层，单击效果名称左侧的效果开关，如图2-104和图2-105所示。

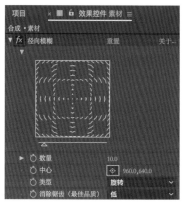

图2-104

图2-105

预设是不能禁用的，也不能从图层中将其作为一个设置全部删除，但可以单独删除或禁用其包含的效果、关键帧和表达式。选择想要删除的内容，然后按删除键即可删除。若要在多个图层中移除所有效果，可先在时间轴面板中选择图层，然后执行"效果>全部移除"命令或按快捷键Ctrl+Shift+E。

若要保存预设，可以先选择需要保存的参数组合和参数，然后在"动画"或"效果和预设"面板的菜单中执行"保存动画预设"命令，并设置好预设的名称和储存位置，如图2-106所示。

提示 如果要使预设显示在"效果和预设"面板中，必须将其保存在"预设"文件夹中，路径为"My Documents\Adobe\After Effects CC"（Mac OS为"Documents/Adobe/After Effects CC"）。如果操作后仍然没显示，可以执行"效果和预设"面板菜单中的"刷新列表"命令。

图2-106

2.5 渲染与导出

将效果制作好以后，需要将它们渲染和导出，然后再进行接下来的设计工作。本节主要介绍渲染和导出的方法。

2.5.1 设置需要渲染的工作区域

渲染是将合成创建成影片的过程。把合成中所有图层及其"变换"等参数信息逐帧地渲染成一个影片，即动画。生成合成预览的过程，其实也属于渲染。

设置需要渲染的工作区域尤为重要。只渲染关键的工作区域，有助于我们更加快速地预览效果，同时又不会消耗太多内存而造成计算机卡顿。我们可在时间轴面板中设置工作区域，如图2-107所示；或在"渲染设置"对话框中设置工作区域，设置步骤如下。

图2-107

设置步骤

①单击"渲染设置"对话框中"时间跨度"区域中的"自定义"按钮 自定义... 。

②设置"起始"和"结束"的时间。

③单击"确定"按钮 确定 后回到"渲染设置"对话框，再单击"确定"按钮 确定 即可，如图2-108所示。

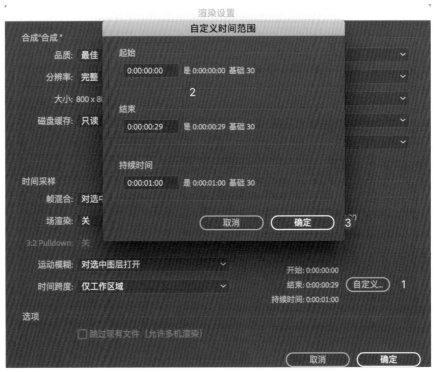

图2-108

2.5.2 渲染队列的常用设置

添加到渲染队列：选择或激活需要渲染导出的合成，在菜单栏中执行"合成>添加到渲染队列"命令，即可在"渲染队列"面板中看到相应的合成，如图2-109所示。

图2-109

渲染设置： 渲染设置基于当前项目设置、合成设置和其所基于合成的切换设置；渲染设置应用于渲染项的根合成和所有嵌套合成；除了上一小节所说的需要设置"工作区域"的参数之外，一般情况下选择"最佳设置"即可。

输出模块： 输出模块所设置的参数，决定了影片最终输出的效果；可使用输出模块设置来指定最终输出的文件格式、压缩选项和其他编码选项，裁剪、拉伸或收缩渲染的影片；常用的H.264格式是高精度视频录制、压缩和发布的格式之一。步骤如下。

01 单击"渲染队列"面板中的"输出模块"项右侧的名称，如图2-110所示，打开"输出模块设置"对话框，在"格式"下拉列表框中选择QuickTime格式，如图2-111所示。

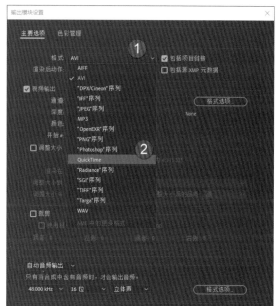

图2-110

图2-111

02 选择"格式选项"，打开"视频输出"模块的"QuickTime选项"对话框，选择所需要的"视频编解码器"，再执行"H.264"命令，如图2-112所示。

03 回到"输出模块设置"对话框，其他参数设置如图2-113所示。

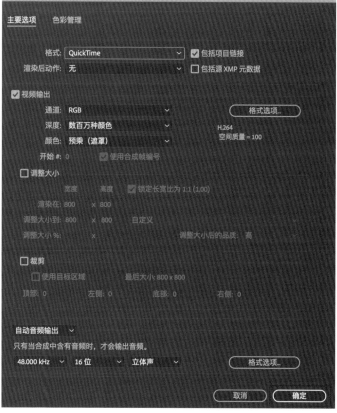

图2-112

图2-113

04 当需要逐帧输出带透明底的PNG格式图片时，打开"输出模块设置"对话框，在"格式"下拉列表框中选择"'PNG'序列"格式，如图2-114所示。其他参数设置如图2-115所示。

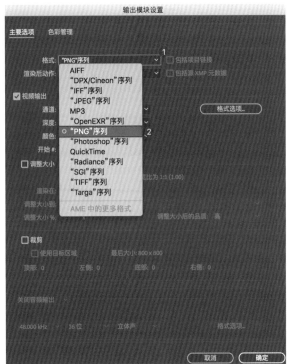

图2-114

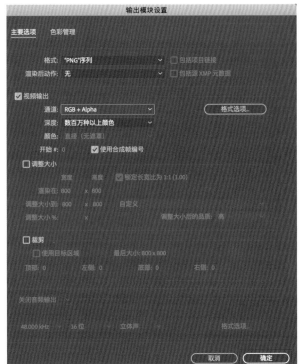

图2-115

提示 读者还可以把以上两个常用的"输出模块"的参数进行保存。单击"输出模块"项右侧的"小三角"按钮 ✓，如图2-116所示，选择"创建模板"。在"输出模块模板"对话框中的"设置名称"文本框中取一个方便自己记忆的名称，如图2-117所示，再单击"确定"按钮即可保存模板。

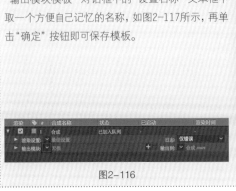

图2-116

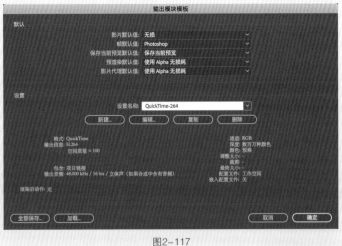

图2-117

05 单击"输出到"项右侧的文件名，如图2-118所示，选择存放输出文件的位置。

06 单击"渲染队列"面板右上角的"渲染"按钮 ，如图2-119所示，在发出"叮"的音效后，即完成了影片或图片的渲染和储存工作。

图2-118

图2-119

2.5.3 使用Adobe Media Encoder导出

Adobe Media Encoder是一个视频和音频编码软件，拥有各种分发格式对音频和视频文件进行编码，通常作为After Effects、Premiere、Audition、Character Animator和Prelude的编码引擎。

选择或激活需要渲染导出的合成，在菜单栏中执行"合成>添加到Adobe Media Encoder队列"命令，待传输完成后，即可在Media Encoder的"队列"面板中看到对应的合成，如图2-120所示。设置步骤如下。

图2-120

设置步骤

①通常选择H.264格式、"匹配源-高比特率"的方式来渲染，在"输出文件"项选择导出文件的位置。

②单击右上角的绿色三角形"启动队列（Return）"按钮 ▶，如图2-121所示，开始渲染导出。

图2-121

实例：制作一个3D切换效果的幻灯片

素材文件	素材文件>CH02>01
实例文件	实例文件>CH02>实例：制作一个3D切换效果的幻灯片
教学视频	实例：制作一个3D切换效果的幻灯片.mp4
学习目标	学习新建合成、形状图层、3D图层、父级图层和预合成等的基本操作

扫码看视频

本实例是制作一个3D切换效果的幻灯片，效果预览如图2-122所示。

图2-122

01 执行"合成>新建合成"命令，在"合成设置"对话框中设置参数，如图2-123所示。

设置步骤

①设置"合成名称"为"3D切换效果的幻灯片"。

②设置合成的"宽度"为1920px，"高度"为1080px。

③设置"帧速率"为30帧/秒。

④设置"分辨率"为"完整"，"开始时间码"为0:00:00:00，"持续时间"为0:00:08:00。

⑤"背景颜色"可以根据需要进行设置或按照本实例来设置。单击"背景颜色"右边的色块打开"颜色选择器"，设置颜色为橙色。

⑥单击"确定"按钮（ 确定 ）。

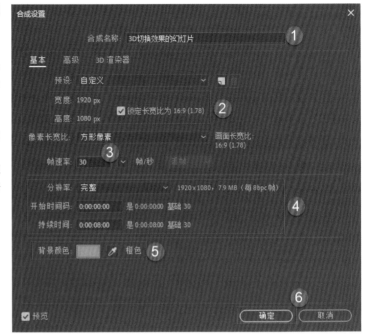

图2-123

02 在工具栏中选择"矩形工具" ▬，或按Q键激活"矩形工具"，如图2-124所示。

03 在合成中拖曳出一个矩形并在该图层上按回车键，或在该图层上单击鼠标右键后在弹出的快捷菜单中执行"重命名"命令，将图层重命名为"图片1"，如图2-125所示。

设置步骤

①单击图层左边的"小三角"按钮 ✓ 展开图层的设置菜单，为圆角矩形设置参数。

②设置宽度为600.0，高度为600.0。如果发现矩形宽度和高度的参数在修改时会一起变动，可以单击前面"约束比例"按钮 ⬤ 解除约束。

③单击"颜色"右边的色块打开"颜色选择器"，设置"颜色"为白色。

图2-124   图2-125

提示 如果展开图层的设置菜单后没有显示参数，可以单击图层面板左下角的"'图层开关'窗格"按钮 ⬚ 。

04 打开"图片1"图层的3D图层开关,如图2-126所示。选择"图片1"图层,按快捷键Ctrl+D复制出5个相同的图层,将"图片2""图片3""图片4"的形状图层分别更改为不同颜色,以便后面进行区分。将"图片5"图层更名为"上","图片6"图层更名为"下",并修改填充颜色为灰色,如图2-127所示。

图2-126

图2-127

05 在"合成"面板中选择"自定义视图1"模式,如图2-128所示。选择该视图模式后,预览的画面如图2-129所示,如果未能出现图2-129所示的效果,则可以执行"工具栏>统一摄像机工具"命令,在"合成"面板中按住鼠标左键拖曳,即可改变视图的角度。

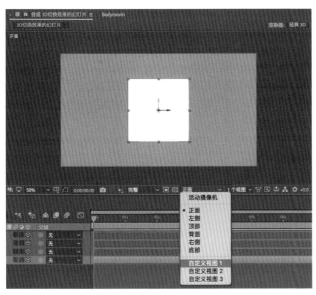

图2-128

图2-129

06 将"上"图层中的形状图层的"X轴旋转"设置为0x-90.0°，然后在工具栏中选择"选取工具" ，按住形状图层并拖曳，使其与"图片1"图层形成垂直面，如图2-130所示。

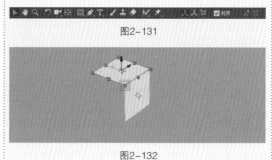

图2-131

图2-132

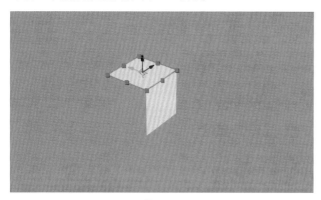

图2-130

07 同上一个步骤类似，将"下"图层中的形状图层的"X轴旋转"设置为0x+90.0°，拖曳该图层使其与"图片1"图层形成垂直面，如图2-133所示。

08 将"图片2""图片3""图片4"图层按照之前的步骤，设置"Y轴旋转"分别为0x-90.0°、0x-180.0°和0x-270.0°，并按逆时针顺序进行拼接，使之成为一个"立方体"，如图2-134所示。

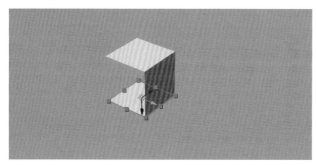

图2-133

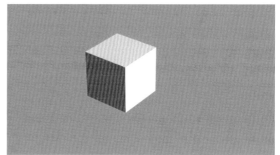

图2-134

09 在图层面板上单击鼠标右键，新建空对象图层，然后打开该图层的"3D图层"开关，将其移至"立方体"的中间位置，如图2-135所示。选择其他所有图层，并使其成为空对象图层的子级图层，如图2-136所示。

图2-135

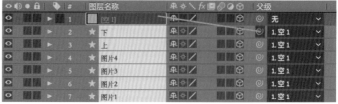

图2-136

10. 展开空对象图层的设置菜单中的"变换"菜单，设置"X轴旋转"和"Y轴旋转"的关键帧，如图2-137所示。

设置步骤

①在0:00:00:00处单击"X轴旋转"的"小秒表"按钮 ⏱ 设置关键帧，将参数设置为0x+0.0°，拖曳"当前时间指示器"至0:00:00:08，将参数设置为0x-10.0°，再拖曳"当前时间指示器"至0:00:00:15，将参数设置为0x+0.0°。接着框选这3个关键帧，按快捷键Ctrl+C复制关键帧，分别在0:00:02:00、0:00:04:00和0:00:06:00处按快捷键Ctrl+V粘贴关键帧。

②在0:00:00:00处单击"Y轴旋转"的"小秒表"按钮 ⏱ 设置关键帧，将参数设置为0x+0.0°，拖曳"当前时间指示器"至0:00:00:15，将参数设置为0x+90.0°，拖曳"当前时间指示器"至0:00:02:00，单击该图层最前面的小方块 ◆ 设置关键帧。依照上述方法，将0:00:02:15和0:00:04:00设置为0x+180.0°，将0:00:04:15和0:00:06:00设置为0x+270.0°，将0:00:06:15设置为1x+0.0°。

图2-137

11. 框选"X轴旋转"和"Y轴旋转"上的所有关键帧，并在任意一个关键帧上单击鼠标右键，在弹出的快捷菜单中执行"关键帧辅助>缓动"命令，使"立方体"旋转起来更加自然顺畅，如图2-138所示。

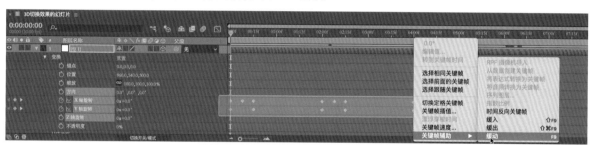

图2-138

12. 将准备好的图片素材（最好是正方形的）导入"项目"面板中，将图片素材附着在"立方体"上，并且图片素材能随"立方体"转动，还要将图片素材设置为预合成，方便之后替换其他图片，如图2-139所示。

设置步骤

①让"当前时间指示器"处于0:00:00:00。

②将其中一张图片素材拖曳到图层面板中，并打开"3D图层"开关。

③在该图片素材图层上单击鼠标右键执行"预合成"命令，更改预合成的名字为"图片1预合成"，选择"保留'3D切换效果的幻灯片'中的所有属性"这一选项。

图2-139

13 将"图片1预合成"设置为"图片1"图层的子级图层,如图2-140所示。

14 将"当前时间指示器"分别移至0:00:00:15、0:00:02:15和0:00:04:15处,按照前面两个步骤依次设置"图片2预合成"图层、"图片3预合成"图层和"图片4预合成"图层,如图2-141所示。

图2-140

图2-141

15 在图层面板中新建一个纯色图层,设置其颜色与背景的颜色一致,如图2-142所示,并将该图层移至最后,作为合成导出时的背景色。效果如图2-143所示。

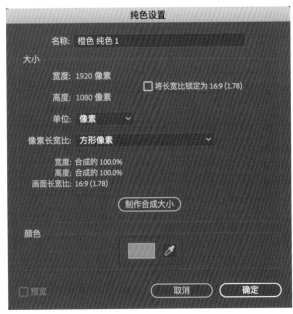

图2-142

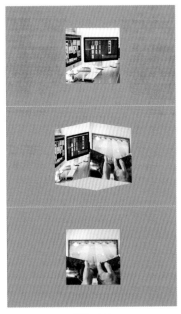

图2-143

提示 根据以上步骤便能制作一个具有3D切换效果的幻灯片,按空格键即可对其进行预览。如果想更换图片素材,进入图片对应的预合成直接替换即可。读者还可以试着调整各个关键帧的不同参数,举一反三,进一步加深对该实例内容的理解,同时养成良好的习惯和思考方式。

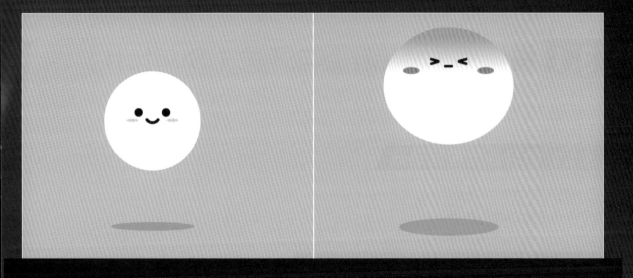

第 **3** 章　从基本组件开始学习制作

■ 学习目的

　　结合前面两章的内容，从 After Effects 移动 UI 动效的基础开始学习，本章不仅能让读者慢慢熟悉 After Effects 的操作，还能让读者同时了解目前移动 UI 中常用的组件。书中所列举的组件动效均符合动效设计原则，读者可以应用到实际的工作中。

3.1 按钮（Button）与开关（Switch）

本节主要介绍UI设计中按钮动效和开关动效的制作方法和相关思路。

3.1.1 学习各类按钮动效

按钮为用户提供了一个即时操作，包含了一个或一组操作指令，响应用户的单击行为，触发对应的业务逻辑，例如确认、取消操作或显示菜单等。

实例：制作单击按钮时的涟漪效果

素材文件	素材文件>CH03>01
实例文件	实例文件>CH03>实例：制作单击按钮时的涟漪效果
教学视频	实例：制作单击按钮时的涟漪效果.mp4
学习目标	掌握关键帧的原理，熟悉形状图层、文字图层和图层设置的操作

扫码看视频

本实例是实现单击按钮时的涟漪效果，效果如图3-1所示。

图3-1

01 在菜单栏中执行"合成>新建合成"命令，对"合成设置"对话框中的参数进行设置，如图3-2所示。

02 在工具栏中选择"圆角矩形工具" ▨ 或按Q键激活该工具，如图3-3所示。

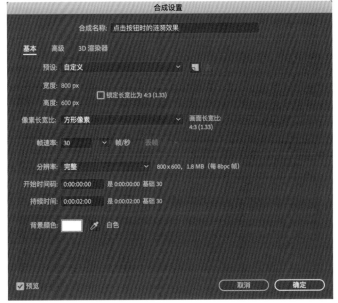

图3-2

图3-3

03 在合成中拖曳绘制一个圆角矩形，在该图层上按回车键，或单击鼠标右键，在弹出的快捷菜单中执行"重命名"命令，将图层重命名为"按钮背景"。单击图层左边的"小三角"按钮▼，展开图层的设置菜单，为圆角矩形设置参数，如图3-4所示。设置步骤如下。

设置步骤

①设置矩形的大小。设置宽度为620.0，高度为140.0，如果发现矩形宽度和高度的参数在修改时会一起变动，记得单击前面的"约束比例"按钮🔗。

②设置矩形的"圆度"为10.0。

③单击"颜色"右边的色块打开"颜色选择器"，设置"颜色"为黄色。读者也可以单击色块右边的取色棒吸取界面中的颜色。

> **提示** 如果展开图层的设置菜单后没有显示参数，则需要单击时间轴面板左下角的"'图层开关'窗格"按钮🔳。

图3-4

04 选择"按钮背景"图层，并在"对齐"面板中单击"水平居中对齐"按钮🔲和"垂直居中对齐"按钮🔲，如图3-5所示，使按钮背景处于合成的中间位置。

图3-5

05 在时间轴面板的空白区域单击鼠标右键，在弹出的快捷菜单中执行"新建>文本"命令，然后输入"关注"两字，并将字号设置为50px，字体颜色设置为白色，并拖曳文字使其与"按钮背景"图层居中对齐，如图3-6所示。

06 在工具栏中选择"椭圆工具"⭕，在合成中按住Shift键并同时拖曳鼠标画出一个圆，将其重命名为"涟漪"。展开"涟漪"图层的设置菜单，将圆形的直径设置为620px，颜色设置为黑色，并拖曳该图形使其与"按钮背景"图层居中对齐，如图3-7所示。

图3-6　　　　　　　　　　　　　　　　　　　　图3-7

07 展开图层的设置菜单中的"变换"菜单，设置关键帧和相关的参数，如图3-8所示。设置步骤如下。

设置步骤

①在0:00:00:00处单击"缩放"左边的"小秒表"按钮⏱设置关键帧，将"缩放"参数设置为0.0%,0.0%，接着拖曳"当前时间指示器"至0:00:00:20，并将"缩放"参数设置为100.0%,100.0%。

②在0:00:00:00处单击"不透明度"左边的"小秒表"按钮⏱设置关键帧，将"不透明度"参数设置为15%，接着拖曳"当前时间指示器"至0:00:00:20，并将"不透明度"参数设置为0%。

> **提示** 选择"涟漪"图层后，按S键即可单独显示"缩放"参数，按T键即可单独显示"不透明度"参数。

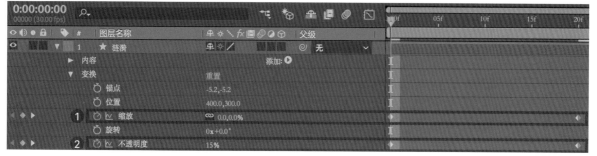

图3-8

08 接下来对"涟漪"图层进行缓动处理，使涟漪效果更加自然和流畅，如图3-9所示。

设置步骤

①单击"图表编辑器"。

②在"变换"菜单中选择"缩放"这一项，则"图表编辑器"中会显示曲率。

③单击0:00:00:00的控制手柄。

④单击"缓出"按钮▶。

⑤单击0:00:00:20的控制手柄。

⑥单击"缓入"按钮▶，并向左水平拖曳控制手柄。

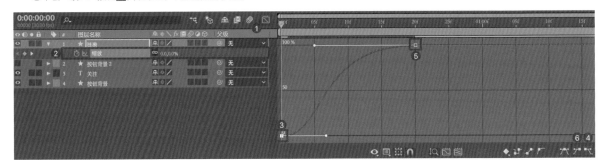

图3-9

09 选择"按钮背景"图层，按快捷键Ctrl+D复制该图层，并将该图层置顶。在"涟漪"图层的"轨道遮罩"中选择"Alpha遮罩'按钮背景 2'"，如图3-10所示。

图3-10

> **提示** 根据以上步骤进行制作，就实现了单击按钮时的涟漪效果，按空格键即可预览。依照同样的步骤操作，并调整涟漪的大小和扩散时间，在同一个按钮上可以实现多重的涟漪效果，读者可以自己动手尝试。在接下来的"实例：制作实现功能变换的按钮"中将结合以上内容，给按钮加入更多的动效细节。

实例：制作实现功能变换的按钮

素材文件	素材文件>CH03>02
实例文件	实例文件>CH03>实例：制作实现功能变换的按钮
教学视频	实例：制作实现功能变换的按钮.mp4
学习目标	掌握PSD文件的导入方式、图层的变换操作和"阴影"效果的运用

扫码看视频

本实例是制作实现功能变换的按钮，效果如图3-11所示。

图3-11

01 将在Photoshop中制作好的素材文件导入After Effects中，相关设置如图3-12所示。

02 打开刚刚导入的"素材"合成，在菜单栏中执行"合成>合成设置"命令，将合成名称重命名为"实现功能变换的按钮"并调整相关参数，如图3-13所示。

图3-12

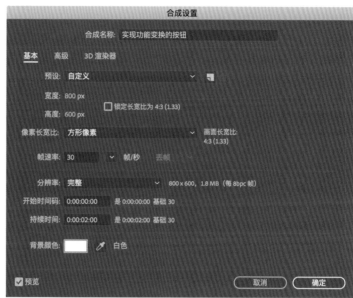

图3-13

03 单击"添加图标"图层左边的"小三角"按钮▼展开图层的"变换"菜单，给该图层设置关键帧，如图3-14所示。

设置步骤

①在0:00:00:15处单击"旋转"左边的"小秒表"按钮⏱设置关键帧，将"旋转"参数设置为0x+0.0°，接着拖曳"当前时间指示器"至0:00:00:25，并将"旋转"参数设置为0x+135.0°。

②为这两个关键帧设置"缓动"效果。框选这两个关键帧，在某一关键帧上单击鼠标右键，执行"关键帧辅助>缓动"命令，使图标可以流畅地转动。

③在0:00:00:15处单击"不透明度"左边的"小秒表"按钮⏱设置关键帧，将"不透明度"参数设置为100%，接着拖曳"当前时间指示器"至0:00:00:20，并将"不透明度"参数设置为0%。

图3-14

04 单击"编辑图标"图层左边的"小三角"按钮▼展开图层的"变换"菜单，给该图层设置关键帧，如图3-15所示。

设置步骤

①在0:00:00:15处单击"旋转"左边的"小秒表"按钮⏱设置关键帧，将"旋转"参数设置为0x-135.0°，接着拖曳"当前时间指示器"至0:00:00:25，并将"旋转"参数设置为0x+0.0°。

②为这两个关键帧设置"缓动"效果。框选这两个关键帧，在某一关键帧上单击鼠标右键，执行"关键帧辅助>缓动"命令，使图标可以流畅地转动。

③在0:00:00:15处单击"不透明度"左边的"小秒表"按钮⏱设置关键帧，将"不透明度"参数设置为0%，接着拖曳"当前时间指示器"至0:00:00:25，并将"不透明度"参数设置为100%。

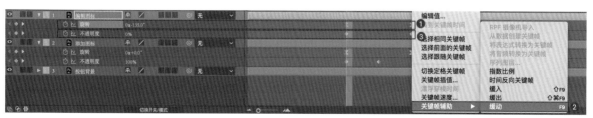

图3-15

05 选择"按钮背景"图层，执行"图层>图层样式>投影"命令，为"按钮背景"图层添加阴影，如图3-16所示。

06 单击"按钮背景"图层左边的"小三角"按钮▼展开图层的"图层样式"菜单，找到"投影"的设置菜单，设置"投影"的参数，如图3-17~图3-19所示。设置步骤如下。

设置步骤

①在0:00:00:15处设置"不透明度"30%、"距离"6.0和"大小"15.0这3个参数的关键帧，如图3-17所示。

②在0:00:00:20处设置"不透明度"40%、"距离"20.0和"大小"20.0这3个参数的关键帧，如图3-18所示。

③框选0:00:00:15处的3个关键帧并复制，拖曳"当前时间指示器"至0:00:00:25并粘贴这3个关键帧。

④给"距离"参数的3个关键帧设置"缓动"效果，如图3-19所示。

图3-16

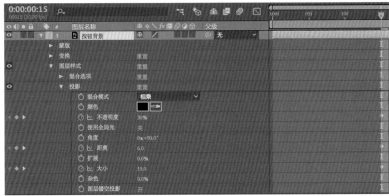

图3-17

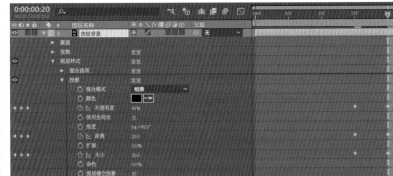

图3-18

图3-19

07 按照上面步骤，就实现了功能变换按钮的一次单击效果。在此基础上可以添加二次单击效果，操作方法与上面类似，调整"编辑图标"和"添加图标"图层的旋转角度和不透明度，以及"按钮背景"图层的阴影效果，如图3-20所示。

图3-20

08 为按钮增加单击的涟漪效果。使用"椭圆工具"◯新建一个圆形的形状图层，设置直径为240px的黑色圆，将其重命名为"涟漪"，并设置关键帧实现涟漪效果，如图3-21所示。

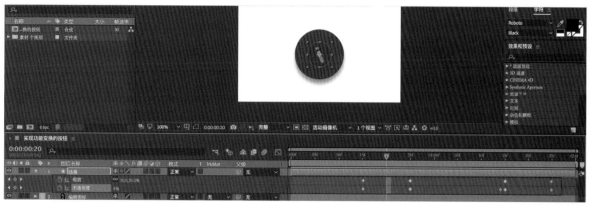

图3-21

提示 在制作该类型的按钮时，应该多加思考。在同一个位置出现不同功能的按钮时，它们之间应该如何切换？可以参考上面所讲的"添加"和"编辑"按钮之间的转换、"菜单"和"返回"按钮之间的转换或"添加"和"编辑"按钮之间的转换等。

在"实例：制作实现功能变换的按钮"中的合成"实现功能变换的按钮2"中，已实现"菜单"和"返回"按钮之间转换的动画效果，如图3-22所示，供读者学习参考。

图3-22

3.1.2 有趣的开关

开关用于两种状态之间的切换，使用开关会实时改变某个属性的状态。

实例：制作常规的开关操作动效

素材文件	素材文件>CH03>03	
实例文件	实例文件>CH03>实例：制作常规的开关操作动效	
教学视频	实例：制作常规的开关操作动效.mp4	
学习目标	掌握改变形状图层颜色的方法和"缓入"效果的运用	

扫码看视频

本实例是实现常规的开关操作动效，效果如图3-23所示。步骤如下。

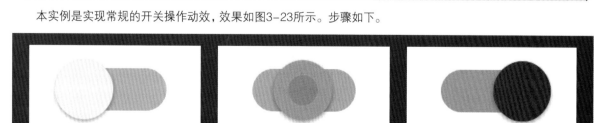

图3-23

01 在菜单栏中执行"合成>新建合成"命令,设置"合成设置"对话框中的参数,如图3-24所示。

02 在工具栏中选择"圆角矩形工具" ■ ,绘制"大小"为120.0,48.0、"圆度"为24.0的圆角矩形,设置"填充颜色"为灰色,并在"对齐"面板中单击"水平居中对齐"按钮 ■ 和"垂直居中对齐"按钮 ■ ,再将圆角矩形移动至合成的中间位置,如图3-25所示。

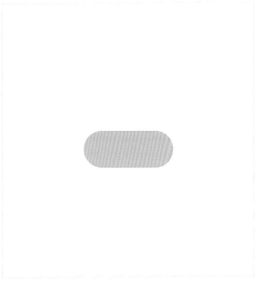

图3-24   图3-25

03 展开该形状图层的"内容"菜单中的"填充"项,设置颜色变换的关键帧。在0:00:00:15处单击"颜色"左边的"小秒表"按钮 ■ 设置第1处关键帧;接着拖曳"当前时间指示器"至0:00:00:23处,更改颜色为#BE9CF0,设置第2处关键帧;再拖曳"当前时间指示器"至0:00:01:15处,如图3-26所示,单击红框中的"在当前时间添加或移除关键帧"按钮 ◆ 设置第3处关键帧;最后拖曳"当前时间指示器"至0:00:01:23,更改颜色为#B4B4B4,设置第4处关键帧。

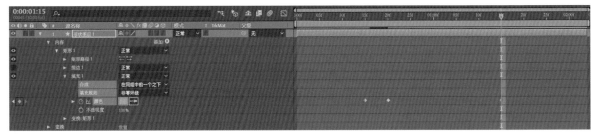

图3-26

04 在工具栏中选择"椭圆工具" ■ ,绘制"大小"为68.0,68.0的圆形,设置"填充颜色"为#EEEEEE。展开该图层的"变换"菜单,将"位置"参数设置为64.0,100.0,最终效果如图3-27所示。

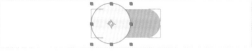

图3-27

05 展开圆形形状图层的"内容"菜单中的"填充"项,设置"颜色"的关键帧。展开该图层的"变换"菜单,设置"位置"参数的关键帧,如图3-28所示。

设置步骤

①在0:00:00:15处单击"颜色"左边的"小秒表"按钮 ■ 设置关键帧;接着拖曳"当前时间指示器"至0:00:00:23处,更改颜色为#6E19FE;再拖曳"当前时间指示器"至0:00:01:15处,单击"在当前时间添加或移除关键帧"按钮设置关键帧;最后拖曳"当前时间指示器"至0:00:01:23处更改颜色为#EEEEEE设置关键帧。

②在0:00:00:15处单击"位置"左边的"小秒表"按钮 ■ 设置关键帧;接着拖曳"当前时间指示器"至0:00:00:23处,将参数设置为136.0,100.0;再拖曳"当前时间指示器"至0:00:01:15处,单击"在当前时间添加或移除关键帧"按钮 ◆ 设置关键帧;最后拖曳"当前时间指示器"至0:00:01:23处,将参数设置为64.0,100.0。

③分别选择"位置"在0:00:00:15处和0:00:00:23处的关键帧，单击鼠标右键，执行"关键帧辅助>缓入"命令，设置"缓入"效果；分别选择"位置"在0:00:01:15处和0:00:01:23处的关键帧，同样设置"缓入"效果。

图3-28

06 使用"椭圆工具" ⬭ 新建一个圆形形状图层，设置"直径"为108px的黑色圆，并重命名为"涟漪"。分别在0:00:00:15处和0:00:01:15处设置关键帧，给开关增加单击的"涟漪"效果，并使其成为圆形形状图层的子级图层，效果如图3-29和图3-30所示。

图3-29 图3-30

> **提示** 根据以上步骤的制作，就可以实现常规的开关操作动效，按空格键即可预览。我们还可以参考之前的内容，在此基础上给开关按钮加上投影效果，或调整缓动的曲线等，使动效更加生动、自然。

实例：制作萌趣生动的开关

素材文件	素材文件>CH03>04	
实例文件	实例文件>CH03>实例：制作萌趣生动的开关	
教学视频	实例：制作萌趣生动的开关.mp4	
学习目标	掌握"位置"参数的设置方法和父级图层的运用	

扫码看视频

本实例是实现萌趣生动的开关动效，效果如图3-31所示。

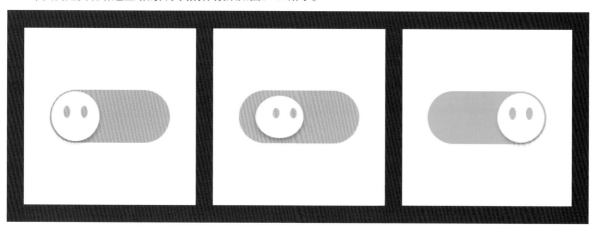

图3-31

01 在菜单栏中执行"合成>新建合成"命令,设置"合成设置"对话框中的参数,如图3-32所示。

02 在工具栏中选择"圆角矩形工具"▢,绘制"大小"为140.0,60.0、"圆度"为30.0的圆角矩形,并重命名为"底部";设置"填充颜色"为灰色,然后将圆角矩形移动至合成的中间位置,如图3-33所示。

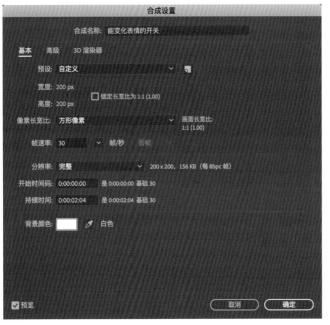

图3-32

图3-33

提示 除了使用"对齐"面板来控制形状图层的位置,还可以通过修改形状图层的"内容"菜单和"变换"菜单中"锚点"和"位置"的参数来控制其位置,如图3-34所示。

图3-34

03 展开圆角矩形形状图层的"内容"菜单中的"填充"项,设置"颜色"的关键帧,在0:00:00:15处单击"颜色"左边的"小秒表"按钮 ⬤ ,设置第1处关键帧;接着拖曳"当前时间指示器"至0:00:00:25处,更改颜色为#4CDC64,设置第2处关键帧;再拖曳"当前时间指示器"至0:00:01:15处,单击菱形按钮 ◆ 在当前时间添加或移除关键帧,设置第3处关键帧;最后拖曳"当前时间指示器"至0:00:01:25处,更改颜色为#B4B4B4,设置第4处关键帧,如图3-35所示。

04 在工具栏中选择"椭圆工具"⬤,绘制"大小"为56.0,56.0的圆形,重命名为"脸部",设置"填充颜色"为白色。将该圆形移动至合成的中间位置,在菜单栏中执行"图层>图层样式>投影"命令,加上投影效果,具体参数可视情况调整,最终效果如图3-36所示。

05 在工具栏中选择"椭圆工具"⬤,绘制"大小"为8.0,14.0的圆形,并重命名为"眼睛",设置"填充颜色"为#B4B4B4,然后调整该圆形形状图层的"位置"参数,如图3-37所示。

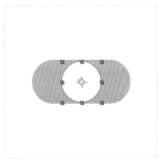

图3-35

图3-36

内容		添加:▶
▼ 椭圆 1	正常	∨
▶ 椭圆路径 1		⟷
▶ 描边 1	正常	∨
▶ 填充 1	正常	∨
▼ 变换: 椭圆 1		
锚点	0.0,0.0	
位置	-10.0,0.0	
比例	100.0,100.0%	
倾斜	0.0	
倾斜轴	0x+0.0°	
旋转	0x+0.0°	
不透明度	100%	
▼ 变换	重置	
锚点	0.0,0.0	
位置	100.0,95.0	
缩放	100.0,100.0%	
旋转	0x+0.0°	
不透明度	100%	

图3-37

06 框选"底部"图层的"填充"菜单中的"颜色"关键帧,并按快捷键Ctrl+C进行复制,然后展开"眼睛"图层的"填充"菜单,将"当前时间指示器"拖曳至0:00:00:15处,按快捷键Ctrl+V粘贴关键帧,如图3-38所示。

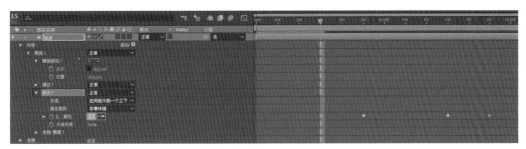

图3-38

07 选择"眼睛"图层中的"椭圆1",按快捷键Ctrl+D进行复制,得到"椭圆2",然后更改该圆形形状图层的"位置"参数,如图3-39所示。

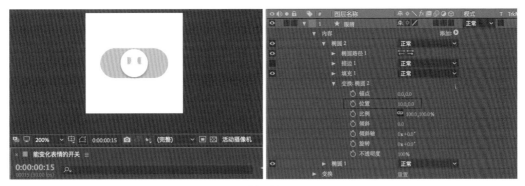

图3-39

08 展开"眼睛"图层的"变换"菜单,给该图层设置"缩放"的关键帧。在0:00:00:00处单击"缩放"左边的"小秒表"按钮 ◎,设置第1处关键帧;拖曳"当前时间指示器"至0:00:00:02处,将"缩放"参数设置为100.0%,0.0%;再拖曳"当前时间指示器"至0:00:00:04处,将"缩放"参数设置为100.0%,100.0%。复制这两个关键帧,拖曳"当前时间指示器"至0:00:01:00处并粘贴关键帧,如图3-40所示,给眼睛加上眨眼的效果。

图3-40

09 给"眼睛"图层设置"位置"的关键帧。在0:00:00:15处单击"位置"左边的"小秒表"按钮 ◎,设置第1处关键帧;拖曳"当前时间指示器"至0:00:00:20处,将"眼睛"向右移动5px;拖曳"当前时间指示器"至0:00:00:25处,将"眼睛"向左移动5px;拖曳"当前时间指示器"至0:00:01:15处,单击"在当前时间添加或移除关键帧"按钮 ◆,设置第4处关键帧;拖曳"当前时间指示器"至0:00:01:20处,将"眼睛"向左移动5px;拖曳"当前时间指示器"至0:00:01:25处,将"眼睛"向右移动5px,如图3-41所示。给"眼睛"加上转动的效果。

图3-41

10 将"眼睛"图层设置为"脸部"图层的子级图层,如图3-42所示。

图3-42

11 展开"脸部"图层的"变换"菜单,给该图层设置"位置"的关键帧。在0:00:00:15处单击"位置"左边的"小秒表"按钮 ◎,设置第1处关键帧,并将"位置"参数设置为60.0,100.0;拖曳"当前时间指示器"至0:00:00:25处,将"位置"参数设置为140.0,100.0;拖曳"当前时间指示器"至0:00:01:15处,单击"在当前时间添加或移除关键帧"按钮 ◆,设置第3处关键帧;再拖曳"当前时间指示器"至0:00:01:25处,将"位置"参数设置为60.0,100.0;最后选择这4个关键帧,添加"缓动"效果,如图3-43所示。

图3-43

12 给"脸部"图层设置"缩放"的关键帧。在0:00:00:15处单击"缩放"左边的"小秒表"按钮，设置第1处关键帧；拖曳"当前时间指示器"至0:00:00:19处，将"缩放"参数设置为100.0%,80.0%；再拖曳"当前时间指示器"至0:00:00:21处，将"缩放"参数设置为100.0%,100.0%。复制这3个关键帧，拖曳"当前时间指示器"至0:00:01:15处并粘贴，如图3-44所示。

图3-44

3.2 菜单（Menu）

菜单会在用户与其产生交互时显示命令或选项列表。菜单具有菜单项和子菜单，并且可以将其分为两大类，即弹出式菜单和分层式菜单。

实例：制作弹出式菜单

素材文件	素材文件>CH03>5
实例文件	实例文件>CH03>实例：制作弹出式菜单
教学视频	实例：制作弹出式菜单.mp4
学习目标	掌握预合成的使用方法，学习利用"位置"参数的"单独尺寸"调整"缓动"效果，温习并运用单击时的涟漪效果

本实例是实现弹出式菜单的动效，效果如图3-45所示。通常在操作命令过多时，需要用该方式来收纳这些命令，当单击或移入触发区域时会弹出菜单，在菜单中可以选择并执行对应的命令。步骤如下。

图3-45

01 在菜单栏中执行"合成>新建合成"命令，设置"合成设置"对话框中的参数，如图3-46所示。

02 在工具栏中选择"矩形工具" ▬，并在合成的左上角附近绘制"大小"为32.0,2.0的矩形，设置"填充颜色"为黄色，如图3-47所示。

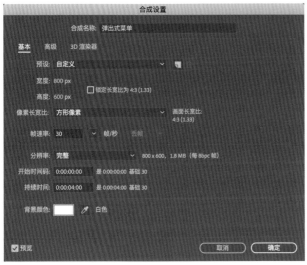

图3-46　　　　　　　　　　　　　　　　　　　　　图3-47

03 展开该图层的"变换"菜单，给该图层设置关键帧，如图3-48所示。

设置步骤

①在0:00:00:15处单击"位置"左边的"小秒表"按钮⏱设置关键帧，将"位置"参数设置为77.0,162.0,接着拖曳"当前时间指示器"至0:00:00:25处，并将"位置"参数设置为77.0,169.0。

②在0:00:00:22处单击"旋转"的"小秒表"按钮⏱设置关键帧，将"旋转"参数设置为0x+0.0°，接着拖曳"当前时间指示器"至0:00:01:00处，并将"旋转"参数设置为0x-45.0°。框选这两个关键帧，在某一关键帧上单击鼠标右键，在弹出的快捷菜单中执行"关键帧辅助>缓动"命令。

图3-48

04 将图层中的"位置"变为"单独尺寸"来单独控制图形在y轴位置的"缓动"效果，如图3-49所示。

设置步骤

①选择图层中的"位置"项。

②单击时间轴面板上面的"图标编辑器"按钮▣。

③在时间轴面板中单击"单独尺寸"按钮▣，使时间轴面板中的"位置"项变为"X位置"和"Y位置"。

图3-49

05 由于该图层只在y轴上移动，因此我们可以把x轴上的关键帧删除，单击"X位置"左边的"小秒表"按钮🕐即可删除，如图3-50所示。

图3-50

> **提示** 在制作动效的过程中，我们大多数时候只关注图层中某些带有关键帧的参数，为了操作方便我们可以在选择一个或多个图层后，按U键显示带关键帧的参数。

06 接下来设置"Y位置"的"缓动"效果，如图3-51所示，设置完缓动之后，就可以通过控制缓动的调节柄，来控制运动的速度。

设置步骤

①选择左边的关键帧，并单击"缓出"按钮📈。

②选择右边的关键帧，并单击"缓入"按钮📉。

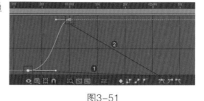

图3-51

07 选择"形状图层1"图层，按快捷键Ctrl+D复制该图层，得到"形状图层2"图层，然后调整"形状图层2"图层的参数，如图3-52所示。设置步骤如下。

设置步骤

①在0:00:00:15处将"Y位置"参数设置为176.0。

②在0:00:01:00处并将"旋转"参数设置为0x+45.0°。

图3-52

08 选择上一步中的两个图层，单击鼠标右键，在弹出的快捷菜单中执行"预合成"命令，将其命名为"菜单按钮"，如图3-53所示。

09 选择"横排文字工具"🅣，在合成中输入"菜单名称"，设置字号为32px，字体颜色为黄色，然后将其移动到"菜单按钮"图层的右侧，如图3-54所示。

图3-53

图3-54

10 选择"圆角矩形工具"▬，在合成中绘制"大小"为320.0,290.0、"圆度"为10.0的圆角矩形，如图3-55所示。

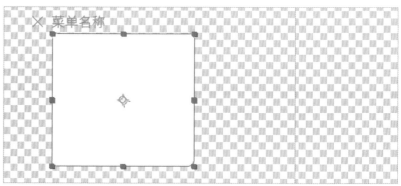

图3-55

提示 在实际操作的过程中，如果由于背景色与元素的颜色相同而不能直观地进行调整，这时可以单击"合成"面板中的"切换透明网格"按钮，如图3-56所示，即可以灰白网格表示透明的区域，方便我们更直观地预览。

这里可以选择"横排文字工具" **T** ，在合成中输入"菜单项目　　>"，设置字号为32px，字体颜色为#4F4F4F，然后按快捷键Ctrl+D复制3个同样的文字图层，将"菜单项目　　>4"图层向下移至合适的位置。选择这4个文字图层，将它们垂直居中分布，最后将这些文字图层移动到圆角矩形的居中位置。

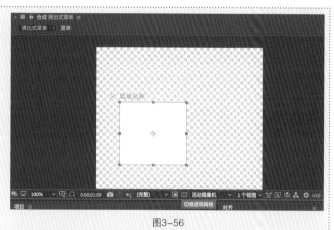

图3-56

11 选择"菜单项目　　>"这4个文字图层和圆角矩形形状图层，单击鼠标右键，执行"预合成"命令，将新的预合成命名为"菜单"，如图3-57所示。

12 双击"菜单"预合成，进入该合成后，修改该合成的宽度和高度与圆角矩形形状图层一样，即"宽度"为320px，"高度"为290px，如图3-58所示。

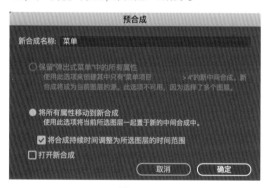

图3-57

图3-58

13 返回"弹出式菜单"合成中，给"菜单"预合成添加图层样式"投影"，这里可以根据实际需求进行设置，或参考实例文件中的参数，最终效果如图3-59所示。

14 展开"菜单"预合成中的"变换"菜单，给该预合成设置关键帧，如图3-60所示，得到弹出式菜单的效果。

图3-59

设置步骤

①在0:00:00:15处单击"缩放"左边的"小秒表"按钮 🕐 设置关键帧，将"缩放"参数设置为100.0%,80.0%，接着拖曳"当前时间指示器"至0:00:00:25处，并将"缩放"参数设置为100.0%,100.0%。框选这两个关键帧，在某一关键帧上单击鼠标右键，执行"关键帧辅助>缓动"命令。

②在0:00:00:15处单击"不透明度"左边的"小秒表"按钮 🕐 设置关键帧，将"不透明度"参数设置为0%，接着拖曳"当前时间指示器"至0:00:00:25处，并将"不透明度"参数设置为100%。

图3-60

提示 在制作缩放效果的时候，如果有图层或预合成不能按照所需要的方向进行缩放，这时候需要调整该图层或预合成的锚点位置。选择工具栏中的"向后平移（锚点）工具" ，移动其锚点位置，如图3-61所示。

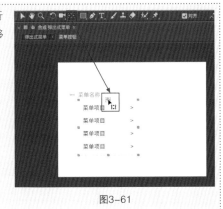

图3-61

15 按照上面制作"菜单"预合成的步骤，再制作一个"子菜单"预合成，或在"项目"面板中复制"菜单"预合成并修改文字图层的内容。将"子菜单"放置在"菜单"的右侧，设置"子菜单"的"缩放"和"不透明度"参数的动效，以实现选择菜单项后弹出子菜单的效果，如图3-62所示。

16 根据之前的实例教程，给动效添加单击效果和选择效果，如图3-63和图3-64所示。

图3-62   图3-63   图3-64

提示 根据以上步骤的制作，就实现了弹出式菜单的动效，按空格键即可预览。读者可以根据实际需要，改变菜单内容和菜单的弹出速度与弹出方向，特别是可以多动手尝试不同的"缓动"效果，调试出更好的效果。

实例：制作分层菜单

素材文件	素材文件>CH03>06
实例文件	实例文件>CH03>实例：制作分层菜单
教学视频	实例：制作分层菜单.mp4
学习目标	"锚点工具"的使用、合成的嵌套使用以及合理运用轨道遮罩效果

本实例是实现分层菜单的动效，效果如图3-65所示。分层菜单通常用在网站的侧边导航中，侧边导航提供多级结构来收纳网站的页面，让用户可依靠导航在各个页面中进行跳转。

图3-65

01 在菜单栏中执行"合成>新建合成"命令，将合成命名为"菜单名称"，参数设置如图3-66所示。

02 在工具栏中选择"矩形工具" ▦，在合成中建立与合成尺寸大小一致的形状图层，并将"填充颜色"改为#7130FF，如图3-67所示。

图3-66

图3-67

03 在工具栏中选择"横排文字工具" T，在该合成中输入"菜单名称"，设置字号为30px，字体颜色为白色，并移动至合成的左侧位置，如图3-68所示。

04 选择"矩形工具" ▦，在该合成的右侧，绘制"大小"为12.0,4.0的矩形，设置"填充颜色"为白色，如图3-69所示。然后选择"锚点工具" ▣，将该矩形的锚点移至该形状右侧居中的位置，展开"变换"菜单将"旋转"参数设置为0x+45.0°，如图3-70所示。

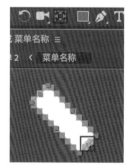

图3-68

图3-69

图3-70

05 选择"形状图层2"图层，按快捷键Ctrl+D对其进行复制，得到"形状图层3"。展开"形状图层3"的"变换"菜单，将"缩放"参数设置为−100.0%,100.0%，"旋转"参数设置为0x−45.0°，如图3-71所示。将该形状图层向左移动2px，与"形状图层2"图层有少许重叠，组合成为一个小箭头，如图3-72所示。

图3-71

图3-72

06 展开"形状图层2"图层的"变换"菜单，给该图层设置关键帧，如图3-73所示。

设置步骤

①在0:00:00:15处单击"位置"左边的小秒表按钮 ⏱ 设置关键帧，接着拖曳"当前时间指示器"至0:00:00:25处，并将"形状图层2"向上移动8px。

②在0:00:00:15处单击"旋转"左边的小秒表按钮 ⏱ 设置关键帧，接着拖曳"当前时间指示器"至0:00:00:25处，并将"旋转"参数设置为0x−45.0°。

图3-73

07 给 "形状图层3" 图层设置 "位置" 和 "旋转" 的关键帧。方法同上一步,但需要注意的是设置的旋转方向和上一步是相反的,如图3-74所示。

图3-74

08 这样便完成了 "箭头向上折叠" 的动效,如图3-75所示。在0:00:02:00处单击 "在当前时间添加或移除关键帧" 按钮 ,设置第3处关键帧,接着分别框选 "形状图层2" 和 "形状图层3" 的第1处关键帧并进行复制,再拖曳 "当前时间指示器" 至0:00:02:10处,分别粘贴这些关键帧,如图3-76所示。

图3-75

图3-76

09 在菜单栏中执行 "合成>新建合成" 命令,将新合成命名为 "菜单项目",设置 "背景颜色" 为深色,以便排版 "菜单项" 的文字,其他参数设置如图3-77所示。

10 在工具栏中选择 "横排文字工具" ,在该合成中分别输入 "菜单项目1" "菜单项目2" "菜单项目3"。设置字号为30px,字体颜色为白色,并将其移动至合成的左侧位置,效果如图3-78所示。

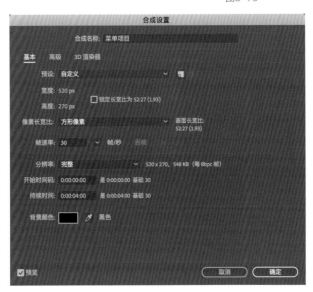

图3-77

图3-78

11 在菜单栏中执行 "合成>新建合成" 命令,将新合成命名为 "分层菜单",其他的参数设置如图3-79所示。

12 将 "项目" 面板中的 "菜单名称" 合成拖曳进 "分层菜单" 的图层中,并将其移到靠上的位置。选择 "矩形工具" ,在 "菜单名称" 的下方绘制 "大小" 为520.0,270.0px的矩形,并将颜色填充为蓝色,如图3-80所示。

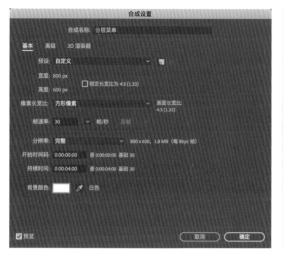

图3-79

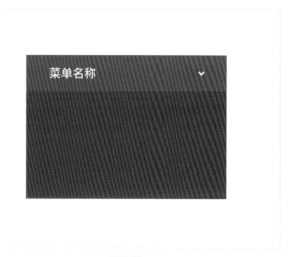

图3-80

13 在工具栏中选择"锚点工具" ，将该矩形的锚点移至该形状上侧居中的位置，然后展开"变换"菜单，在0:00:00:15处单击"缩放"左边的小秒表按钮 设置关键帧，将参数设置为100.0%,0.0%，接着拖曳"当前时间指示器"至0:00:00:25处，设置"缩放"参数为100.0%,100.0%。在0:00:02:00处单击"在当前时间添加或移除关键帧"按钮 ，设置关键帧，再在0:00:02:10处设置"缩放"参数为0.0%,0.0%，最后给这些关键帧设置"缓动"效果，如图3-81所示。

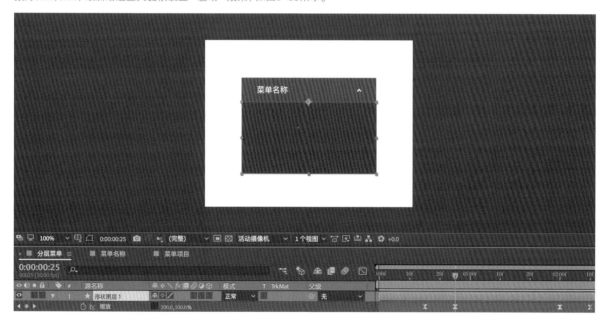

图3-81

14 选择矩形形状图层，按快捷键Ctrl+D对其进行复制，将"项目"面板中的"菜单项目"合成拖曳进"分成菜单"的图层中，使其位于时间轴面板中的两个形状图层之间，如图3-82所示。

15 将"菜单项目"合成与形状图层对齐，并在"轨道遮罩"中选择"Alpha遮罩'形状图层 2'"，如图3-83所示。

图3-82

图3-83

16 展开"菜单项目"的"变换"菜单，在0:00:00:15处单击"不透明度"左边的"小秒表"按钮■设置关键帧，设置参数为0%，接着拖曳"当前时间指示器"至0:00:00:25处，设置参数为100%。在0:00:02:00处单击"在当前时间添加或移除关键帧"按钮■设置关键帧，再在0:00:02:10处设置参数为0%，效果如图3-84所示。

图3-84

3.3 列表（List）

列表是在移动UI中比较基础和常见的组件，它通常是一组连续的、可承载文字、图片、按钮或输入项的组合，可用于内容的交互。

实例：制作列表的出现效果

素材文件	素材文件>CH03>07
实例文件	实例文件>CH03>实例：制作列表的出现效果
教学视频	实例：制作列表的出现效果.mp4
学习目标	熟悉列表的运动原理和嵌套合成的运用

扫码看视频

本实例是实现列表的出现效果，如图3-85所示。

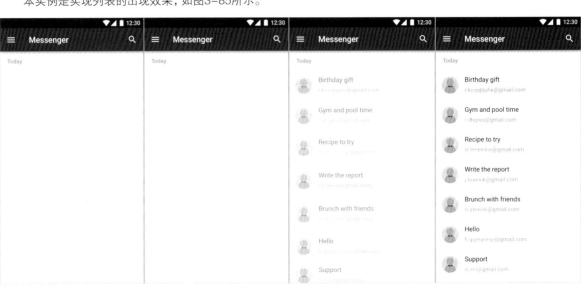

图3-85

01 在菜单栏中执行"合成>新建合成"命令，然后设置"合成设置"的参数，如图3-86所示。

02 将准备好的切图素材拖曳到时间轴面板中，并按顺序依次排列图层，然后锁定"background.png"图层，如图3-87所示。在"合成"面板中依照图层顺序将素材从上往下依次排列，效果如图3-88所示。

图3-87

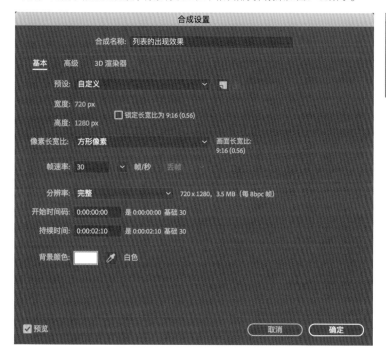

图3-86

图3-88

03 选择名称中含item的图层，按P键展开图层"变换"菜单中的"位置"参数，在0:00:00:20处单击小秒表按钮 设置关键帧，如图3-89所示。

04 拖曳"当前时间指示器"至0:00:00:00处，并将上一步选择的图层的"位置"参数设置为360.0,1360.0，如图3-90所示。

图3-89

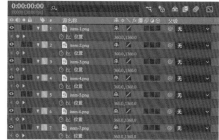

图3-90

05 选择所有关键帧，单击鼠标右键，在弹出的快捷菜单中执行"关键帧辅助>缓入"菜单命令，设置"缓入"效果。选择"item-1.png"图层的所有关键帧，并往后移动两帧；选择"item-2.png"图层的所有关键帧，并往后移动4帧；选择"item-3.png"图层的所有关键帧，并往后移动6帧……依次类推，移动所有关键帧，如图3-91所示。

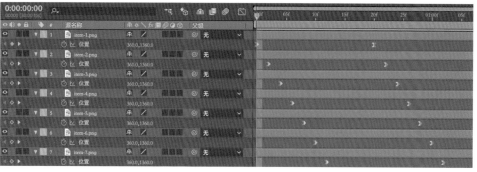

图3-91

06 选择名称中含item的图层，单击鼠标右键，执行"预合成"命令，将新的预合成命名为"列表项"，如图3-92所示。

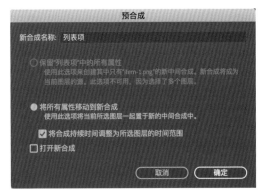

图3-92

07 展开"列表项"预合成的"变换"菜单，在0:00:01:00处单击"不透明度"左边的"小秒表"按钮◎设置关键帧；拖曳"当前时间指示器"至0:00:01:25处，单击"在当前时间添加或移除关键帧"按钮◆来添加关键帧；再在0:00:00:10处设置"不透明度"的参数为0%，最后在0:00:02:05处设置"不透明度"的参数为0%，如图3-93所示。

图3-93

> **提示** 这样便实现了最基础的列表的出现效果，读者还可以根据之前学习的内容，对"缓动"效果、滑动速度等进行优化调整。

实例：制作列表页的毛玻璃效果

素材文件	素材文件>CH03>08
实例文件	实例文件>CH03>实例：制作列表页的毛玻璃效果
教学视频	实例：制作列表页的毛玻璃效果.mp4
学习目标	"高斯模糊"效果的使用、预合成结合蒙版的运用和蒙版的准确设置

扫码看视频

本实例是实现列表页的毛玻璃效果，如图3-94所示。

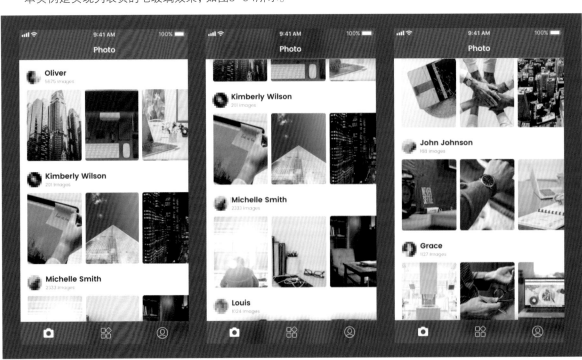

图3-94

01 在菜单栏中执行"合成>新建合成"命令，设置"合成设置"对话框中的参数，如图3-95所示。

02 将准备好的切图素材拖曳到时间轴面板中，并按顺序依次排列图层，然后锁定"Navigation Bar.png"和"Tab Bar.png"图层，如图3-96所示。在"合成"面板中依照图层顺序将素材从上往下依次排列，效果如图3-97所示。

图3-96

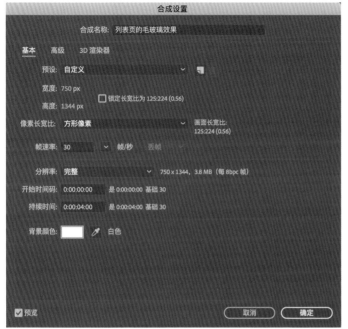
图3-95

图3-97

03 选择"Content.png"图层，单击鼠标右键，执行"预合成"命令，将新的预合成命名为"内容"，其他设置如图3-98所示。

图3-98

04 打开"内容"合成，展开图层"变换"菜单中的"位置"参数，在0:00:00:15处单击"位置"左边的"小秒表"按钮设置关键帧，拖曳"当前时间指示器"至0:00:03:10处，单击"在当前时间添加或移除关键帧"按钮添加关键帧。在0:00:02:00处，设置"位置"参数为360.0,−1328.0；在0:00:03:00处单击"在当前时间添加或移除关键帧"按钮来添加关键帧，如图3-99所示。

图3-99

05 将图层中的"位置"更改为"单独尺寸"来单独控制图像在y轴上的"缓动"效果，如图3-100所示。读者也可以根据实际情况调整，这里主要展示先缓慢上滑，再快速回滚的动效。

图3-100

06 打开"列表页的毛玻璃效果"合成，在时间轴面板中复制"内容"合成，并将新的合成重命名为"高斯模糊层"，如图3-101所示。

07 选择"高斯模糊层"合成图层，在菜单栏中执行"效果>模糊和锐化>高斯模糊"命令，如图3-102所示。在"效果控件"面板中设置"模糊度"为60.0，"模糊方向"为"水平和垂直"，勾选"重复边缘像素"，效果如图3-103所示。

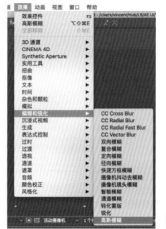

图3-101　　　　　　　　　　图3-102　　　　　　　　　　图3-103

08 选择"高斯模糊层"合成图层，使用"矩形工具" ■绘制与"Navigation Bar.png"图层和"Tab Bar.png"图层大小和位置一致的矩形蒙版，效果如图3-104所示。

09 选择"高斯模糊层"合成图层，使用"矩形工具" ■绘制与中间内容区域大小和位置一致的矩形蒙版，效果如图3-106所示。

提示 如何快速又精确地绘制矩形蒙版？可以在选择"高斯模糊层"合成图层后，双击"矩形工具"按钮■，此时会获得一个与合成大小一致的矩形。展开"蒙版"菜单，单击"蒙版路径"的"形状"，在得知"Navigation Bar.png"图层的高度为130px的情况下，设置"定界框"的参数，如图3-105所示，这样就将蒙版设置完成。

图3-105

图3-104

图3-106

3.4 卡片（Card）和轮播图（Carousel）

本节主要介绍卡片和轮播图动效的制作方法，请读者注意学习相关技法和设计思路。

3.4.1 卡片

卡片也是在移动UI中比较基础和常见的组件之一，它通常可承载文字、列表、图片等内容，也适用于内容的交互操作。

实例：制作查看相册图片效果

		扫
素材文件	素材文件>CH03>09	码
实例文件	实例文件>CH03>实例：制作查看相册图片效果	看
教学视频	实例：制作查看相册图片效果.mp4	视
学习目标	熟悉嵌套合成的使用技巧和运用方式，以及父级图层的使用方法	频

本实例是实现查看相册图片的效果，如图3-107所示。步骤如下。

图3-107

01 在菜单栏中执行"合成>新建合成"命令，设置"背景颜色"为紫色，其他参数如图3-108所示。

02 将准备好的素材图片1.jpg图片2.jpg和图片3.jpg直接拖曳进After Effects的时间轴面板中，并按照图3-109所示的顺序排列顺序。

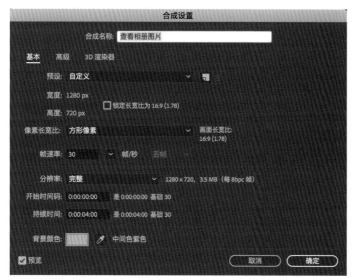

图3-108

图3-109

03 选择"图片1.jpg"图层和"图片2.jpg"图层，在"对齐"面板中选择"右对齐"，然后选择"图片2.jpg"图层和"图片3.jpg"图层，在"对齐"面板中选择"左对齐"，最终效果如图3-110所示。

04 将"图片2.jpg"图层设置为"图片1.jpg"图层和"图片3.jpg"图层的父级图层，如图3-111所示。

图3-110

图3-111

05 展开图层"变换"菜单中的"位置"参数，在0:00:01:00处单击"位置"左边的"小秒表"按钮 设置关键帧，设置"位置"参数为820,360；拖曳"当前时间指示器"至0:00:01:15处，设置"位置"参数为640.0,360.0；拖曳"当前时间指示器"至0:00:02:15处，单击"在当前时间添加或移除关键帧"按钮 添加关键帧；再拖曳"当前时间指示器"至0:00:03:00处，设置"位置"参数为460.0,360.0；选择这些关键帧并设置"缓动"效果，如图3-112所示。

图3-112

06 选择"图片1.jpg""图片2.jpg""图片3.jpg"图层，单击鼠标右键，在弹出的快捷菜单中执行"预合成"命令，并将新建的预合成命名为"图片"，如图3-113所示。

07 在工具栏中选择"矩形工具" ，新建一个"大小"为840.0,660.0的矩形形状图层，命名为"遮罩层"，然后将其移至合成的中间位置，如图3-114所示。

图3-113

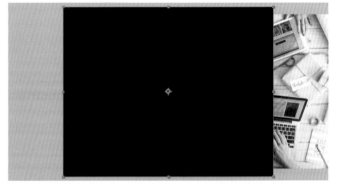

图3-114

08 将"图片"子合成图层设置为"Alpha遮罩'遮罩层'"，如图3-115所示。

图3-115

09 打开"图片"子合成，并展开图片素材的"变换"菜单，设置"不透明度"的关键帧，如图3-116所示。

设置步骤

①在"图片1.jpg"的0:00:01:00处单击"不透明度"左边的"小秒表"按钮🎬设置关键帧，参数为100%；接着拖曳"当前时间指示器"至0:00:01:10处，设置"不透明度"的参数为0%。

②在"图片2.jpg"的0:00:01:00处单击"不透明度"左边的"小秒表"按钮🎬设置关键帧，参数为0%，在0:00:01:15处设置参数为100%；在0:00:02:15处单击"在当前时间添加或移除关键帧"按钮▣添加关键帧，在0:00:02:25处设置参数为0%。

③在"图片3.jpg"的0:00:02:15处单击"不透明度"左边的"小秒表"按钮🎬设置关键帧，参数为0%，在0:00:03:00处设置参数为100%。

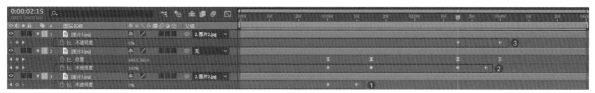

图3-116

10 这样就完成了图片的切换效果，接下来设置切换按钮的单击效果。将准备好的按钮素材button-previous和button-next直接拖曳进After Effects的"时间轴"面板中，然后将按钮置于"图片"子合成的左右两侧，如图3-117所示。

11 选中"button-next"图层，将其设置为预合成，并将该预合成命名为"button-next"，其他设置如图3-118所示。

图3-117

图3-118

12 进入"button-next"子合成，双击"椭圆工具"按钮◯建立圆形图层，并将"填充颜色"设置为黑色。在"形状图层1"的0:00:00:20处单击"缩放"左边的"小秒表"按钮🎬设置关键帧，参数为100.0%,100.0%，单击"不透明度"左边的"小秒表"按钮🎬设置关键帧，参数为0%；接着在0:00:01:00处设置"缩放"为70.0%,70.0%，设置"不透明度"为30%；再在0:00:01:05处设置"缩放"为100.0%,100.0%，设置"不透明度"为0%；最后选择该图层的"缩放"关键帧，设置"缓动"效果，如图3-119所示，这样就设置好单次的单击效果。

图3-119

13 选择并复制"形状图层1"的所有关键帧，然后拖曳"当前时间指示器"至0:00:02:05处并粘贴这些关键帧，这样就完成了两次单击按钮的效果。最终效果如图3-120所示。

图3-120

85

实例：制作图文卡片的展开动效

素材文件	素材文件>CH03>10
实例文件	实例文件>CH03>实例：制作图文卡片的展开动效
教学视频	实例：制作图文卡片的展开动效.mp4
学习目标	蒙版、父级图层、"阴影"效果和形状变化的综合使用

本实例是实现图文卡片的展开动效，效果如图3-121所示。

图3-121

01 在菜单栏中执行"合成>新建合成"命令，设置"合成设置"对话框中的参数，如图3-122所示。

02 将准备好的切图素材status_bar.png和nav_bar.png拖曳到时间轴面板中，并按顺序依次排列图层，如图3-123所示。在"合成"面板中将素材移动到合适的位置，如图3-124所示。

图3-122

图3-123

图3-124

03 在工具栏中选择"圆角矩形工具" ■，在"status_bar.png"和"nav_bar.png"图层之间新建一个"大小"为640.0,820.0的圆角矩形形状图层，并设置"圆度"为20.0、"填充颜色"为白色，同时将该图层命名为"卡片背景"；然后选择"锚点工具" ■，将"背景卡片"的锚点移至顶部的中间位置，如图3-125所示。

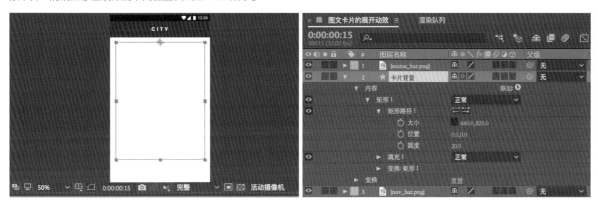

图3-125

04 展开"卡片背景"图层的"内容"菜单中的"矩形路径1"和"变换"菜单，设置"大小""位置""圆度"的关键帧，如图3-126所示。

设置步骤

①在0:00:00:15处单击"大小"左边的"小秒表"按钮 ⏱ 设置关键帧；拖曳"当前时间指示器"至0:00:00:25处，设置"大小"参数为720.0,1280.0，并设置"缓动"效果。

②在0:00:00:15处单击"圆度"左边的"小秒表"按钮 ⏱ 设置关键帧；拖曳"当前时间指示器"至0:00:00:25处，设置"圆度"参数为0.0。

③在0:00:00:15处单击"位置"左边的"小秒表"按钮 ⏱ 设置关键帧，参数为360.0,192.0；拖曳"当前时间指示器"至0:00:00:25处，设置"位置"参数为360.0,230.0，并设置"缓动"效果。

图3-126

05 复制"背景卡片"图层并将其重命名为"遮罩卡片"，如图3-127所示。

06 选择"卡片背景"图层，在菜单栏中执行"图层>图层样式>投影"命令，设置"投影"的参数，如图3-128所示。

07 将准备好的切图素材img-guangzhou.png拖曳到时间轴面板中，并将其置于"遮罩卡片"和"卡片背景"图层之间。在"合成"面板中将该素材的"缩放"参数设置为89.0%,89.0%，并将其与"遮罩卡片"图层的顶部对齐，如图3-129所示。

图3-127

图3-128

图3-129

08 在工具栏中选择"锚点工具" ![图标]，将"img-guangzhou.png"图层的锚点移动至顶部的中间位置，并将其设置为"Alpha 遮罩'遮罩卡片'"，效果如图3-130所示。

09 展开"img-guangzhou.png"图层的"变换"菜单，在0:00:00:15处单击"位置"左边的"小秒表"按钮 ![图标]设置关键帧，设置"位置"参数为360.0,192.0，拖曳"当前时间指示器"至0:00:00:25处，设置"位置"参数为360.0,0.0；在0:00:00:15处单击"缩放"左边的"小秒表"按钮 ![图标]设置关键帧，设置"缩放"参数为89.0%,89.0%；拖曳"当前时间指示器"至0:00:00:25处，设置"缩放"参数为100.0%,100.0%，如图3-131所示。

图3-130

图3-131

10 在"卡片背景"图层上新建两个文本图层，分别输入"前路"和"一座城"，并调整字号分别为28px和56px，字体颜色分别为#9B9B9B和#4A4A4A。将图层的锚点都移至图层左侧居中的位置，并调整"位置"参数分别为80.0,882.0和80.0,942.0，最后将"一座城"文本图层设置为"前路"文本图层的子级图层，效果如图3-132所示。

11 将准备好的切图素材img-shanghai.png拖曳到时间轴面板中，并将其置于"卡片背景"和"nav_bar.png"图层之间，在"合成"面板中将其置于"卡片背景"图层下方，效果如图3-133所示。

图3-132

图3-133

⓬ 接下来是实现文字内容的移动和渐现效果。展开"前路"文本图层的"变换"菜单，在0:00:00:15处单击"位置"左边的"小秒表"按钮 ⬚ 设置关键帧，拖曳"当前时间指示器"至0:00:00:25处，设置"位置"参数为40.0,770.0，并设置"缓动"效果，如图3-134所示。

图3-134

⓭ 将"当前时间指示器"拖曳至0:00:00:15处，将"Guangzhou"文本图层设置为"前路"文本图层的子级图层。在0:00:00:25处，"一座城"文本图层下方新建"内容"文本图层，如图3-135所示；在"合成"面板中的"一座城"文本图层的下方，选择"锚点工具" ⬚ ，为"内容"文本图层设置锚点，并将其移至左上角的位置，效果如图3-136所示。

⓮ 展开"内容"文本图层的"变换"菜单，设置"位置"和"不透明度"的关键帧，如图3-137所示。

设置步骤

①在0:00:00:25处单击"位置"左边的小秒表按钮 ⬚ 设置关键帧，设置"位置"参数为40,910；拖曳"当前时间指示器"至0:00:00:15处，设置"位置"参数为40,1022，并设置"缓动"效果。

②在0:00:00:20处单击"不透明度"左边的小秒表按钮 ⬚ 设置关键帧，设置"不透明度"参数为0%；拖曳"当前时间指示器"至0:00:01:00处，设置"不透明度"参数为100%。

图3-135　　　　　　　图3-136

图3-137

⓯ 将准备好的切图素材ic_close.png拖曳到时间轴面板中，并将其排列在时间轴面板的最顶端，然后在"合成"面板中将该素材移动到左上角位置，效果如图3-138所示。

⓰ 展开"ic_close.png"图层的"变换"菜单，在0:00:00:20处单击"不透明度"左边的"小秒表"按钮 ⬚ 设置关键帧，"不透明度"参数为0%；拖曳"当前时间指示器"至0:00:01:00处，设置"不透明度"参数为100%，如图3-139所示。

图3-138

图3-139

3.4.2 轮播图

轮播图，也叫"走马灯"，经常出现在页面中需要轮播的区域，主要用于展示平级且较多的内容或进行一组图片的轮播，它可承载文字、列表、图片等内容，也适用于内容的交互操作。

实例：制作拥有视差效果的轮播图

素材文件	素材文件>CH03>11
实例文件	实例文件>CH03>实例：制作拥有视差效果的轮播图
教学视频	实例：制作拥有视差效果的轮播图.mp4
学习目标	熟悉形状图层和"添加标记"命令的使用，以及多个合成的拼接方法

本实例是实现拥有视差效果的轮播图动效，效果如图3-140所示。

图3-140

01 在菜单栏中执行"合成>新建合成"命令，并将新建的合成命名为"banner_1"，参数设置如图3-141所示。

02 将准备好的切图素材banner_1_1.png、banner_1_2.png和banner_1_3.png拖曳到时间轴面板中，并将它们按数字顺序从上往下排列；在"合成"面板中，将banner_1_1.png的"位置"参数设置为375.0,300.0，将banner_1_2.png的"位置"参数设置为375.0,140.0，将banner_1_3.png的"位置"参数设置为375.0,200.0，效果如图3-142所示。

图3-141

图3-142

03 该轮播图动效只需要进行x轴上的平移，即"X位置"的参数会有变化而"Y位置"的参数则没有变化，因此可以剥离出"X位置"的参数进行单独设置和调试，如图3-143所示。

设置步骤

①选择"banner_1_1.png"图层，并按P键，选择该图层的"位置"参数，单击"图标编辑器"按钮，打开"图表编辑器"。

②在"图表编辑器"中单击"单独尺寸"按钮，将"位置"参数剥离为"X位置"和"Y位置"。

图3-143

04 将其他图层的"X位置"依照上述的方法剥离出来，如图3-144所示。

05 选择"banner_1_1.png"图层，在0:00:00:30处单击"X位置"左边的"小秒表"按钮 设置关键帧。拖曳"当前时间指示器"至0:00:00:00处，设置"X位置"参数为950.0，将该图层移至画面外的右侧；拖曳"当前时间指示器"至0:00:02:30处，单击"在当前时间添加或移除关键帧"按钮 设置关键帧，最后在0:00:02:59处，设置"X位置"参数为-200.0，将该图层至画面外的左侧，如图3-145所示。

图3-144

图3-145

06 打开"图表编辑器"，选择关键帧之后，单击"缓动"按钮 ，然后水平拖曳控制柄自定义缓动曲线，如图3-146所示，使图层拥有缓慢进入和快速离开的动画效果。

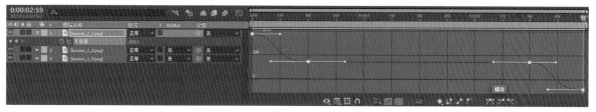

图3-146

07 选择"banner_1_2.png"图层，在0:00:00:30处单击"X位置"左边的"小秒表"按钮 设置关键帧。拖曳"当前时间指示器"至0:00:00:00处，设置"X位置"参数为814.0；拖曳"当前时间指示器"至0:00:02:30处，单击"在当前时间添加或移除关键帧"按钮 设置关键帧；最后在0:00:02:59处，设置"X位置"参数为-64.0，如图3-147所示。

图3-147

08 选择"banner_1_3.png"图层，在0:00:00:30处单击"X位置"左边的"小秒表"按钮 设置关键帧。拖曳"当前时间指示器"至0:00:00:00处，设置"x位置"参数为1085.0；拖曳"当前时间指示器"至0:00:02:30处，单击"在当前时间添加或移除关键帧"按钮 设置关键帧；最后在0:00:02:59处，设置"x位置"参数为-335.0，如图3-148所示。

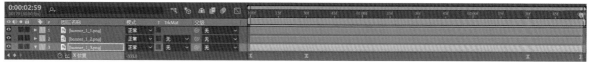

图3-148

09 依照上述的方法，分别新建"banner_2"和"banner_3"两个合成，并按照步骤02至步骤08将准备好的图片素材设置成动画效果，如图3-149和图3-150所示。

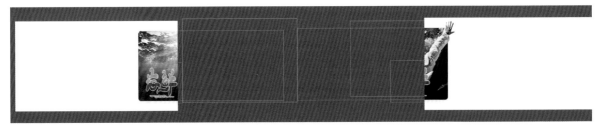

图3-149

图3-150

10 在菜单栏中执行"合成>新建合成"命令，将新建的合成命名为"page_controls"，参数设置如图3-151所示。

图3-151

11 选择"圆角矩形工具"■，在合成中新建一个"大小"为32.0,12.0，"圆度"为6.0的圆角矩形，并将"填充颜色"设置为蓝色，然后将其对齐到合成的左侧，如图3-152所示。

图3-152

12 选择该圆角矩形形状图层，在0:00:02:00处分别单击"大小""位置""不透明度"左边的"小秒表"按钮■设置关键帧。拖曳"当前时间指示器"至0:00:02:30处，设置"大小"参数为12.0,12.0，"位置"参数为6.0,6.0，"不透明度"参数为30%；拖曳"当前时间指示器"至0:00:07:00处，单击"在当前时间添加（或移除）关键帧"按钮■，设置"大小""位置""不透明度"的关键帧；最后在0:00:07:29处，设置"大小"参数为32.0,12.0，"位置"参数为16.0,6.0，"不透明度"参数为100%，如图3-153所示。

图3-153

13 再次选择"圆角矩形工具"■，在合成中新建一个"大小"为12.0,12.0、"圆度"为6.0的圆角矩形，并设置"填充颜色"为淡蓝色、"不透明度"为30%、"位置"为54.0,6.0，效果如图3-154所示。

图3-154

14 选择该圆角矩形形状图层，在0:00:02:00处单击"大小""位置""不透明度"左边的"小秒表"按钮🔲设置关键帧。拖曳"当前时间指示器"至0:00:02:30处，设置"大小"为32.0,12.0，"位置"为44.0,6.0，"不透明度"为100%；拖曳"当前时间指示器"至0:00:04:30处，单击"在当前时间添加（或移除）关键帧"按钮🔲，添加"大小""位置""不透明度"的关键帧；然后在0:00:05:00处，设置"大小"为12.0,12.0，"位置"为34.0,6.0，"不透明度"为20%；再在0:00:07:00处，设置"位置"为34.0,6.0；最后在0:00:07:29处，设置"位置"为54.0,6.0，如图3-155所示。

图3-155

15 在工具栏中选择"圆角矩形工具"🔲，在合成中新建一个"大小"为12.0,12.0、"圆度"为6.0的圆角矩形，并设置"填充颜色"为淡蓝色，"不透明度"为30%，将其对齐到合成的右侧，如图3-156所示。

图3-156

16 选择该圆角矩形形状图层，在0:00:04:30处单击"大小""位置""不透明度"左边的"小秒表"按钮🔲设置关键帧。拖曳"当前时间指示器"至0:00:05:00处，设置"大小"参数为32.0,12.0，"位置"为72.0,6.0，"不透明度"为100%；拖曳"当前时间指示器"至0:00:07:00处，单击"在当前时间添加（或移除）关键帧"按钮🔲，添加"大小""位置""不透明度"的关键帧；最后在0:00:07:29处，设置"大小"为12.0,12.0，"位置"为82.0,6.0，"不透明度"参数为20%，如图3-157所示。

图3-157

17 在菜单栏中执行"合成>新建合成"命令，将新建合成命名为"carousel"，设置"合成设置"的参数，如图3-158所示。

18 将"banner_1""banner_2""banner_3"这3个合成拖曳进"carousel"合成的图层中，并分别将它们对齐到合成的顶部。将"page_controls"合成也拖进"carousel"合成的图层中，设置"位置"为375.0,388.0，效果如图3-159所示。

图3-158

图3-159

19 拖曳"当前时间指示器"至0:00:00:30处，选择"banner_1""banner_2""banner_3"这3个合成图层，在菜单栏中执行"图层>添加标记"命令，再在0:00:02:30处再次添加标记，如图3-160所示。这样就方便知道"banner_1""banner_2""banner_3"这3个合成的进入和离开的时间。

图3-160

20 依据"banner_1""banner_2""banner_3"这3个合成进入和离开的时间点,将这3个合成按顺序在时间轴上首尾衔接,并复制"banner_1"合成,将其置于紧接着"banner_3"合成的离开时间点的后面,如图3-161所示。

图3-161

3.5 加载(Loading)和进度条(Progress)

加载和进度条通常用于需要等待的界面,是UI动效设计中比较常见的一种转移用户注意力的方式。

3.5.1 基础的加载动效

加载动效用于告知用户程序当前正处于加载数据、提交表单、保存更新或者正在渲染的状态。合适的加载动效不仅传递出"当前程序正在运行"的信息,而且能吸引用户注意,缓解用户等待所产生的焦虑。

实例:实现Material Design风格加载动效

素材文件	素材文件>CH03>12
实例文件	实例文件>CH03>实例:制作实现Material Design风格加载动效
教学视频	实例:制作实现Material Design风格加载动效.mp4
学习目标	运用"修剪路径"制作动效,掌握表达式的使用方法

扫码看视频

本实例是实现Material Design风格加载动效,效果如图3-162所示。

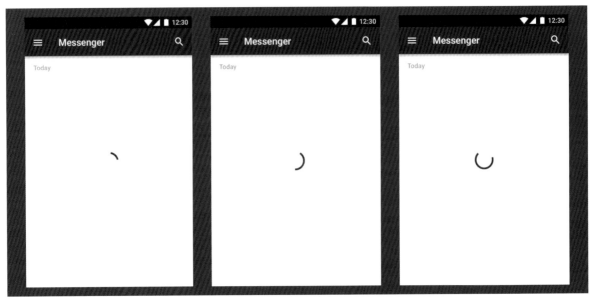

图3-162

01 在菜单栏中执行"合成>新建合成"命令,并将新建合成命名为"loading",参数设置如图3-163所示。

02 在工具栏中选择"椭圆工具" 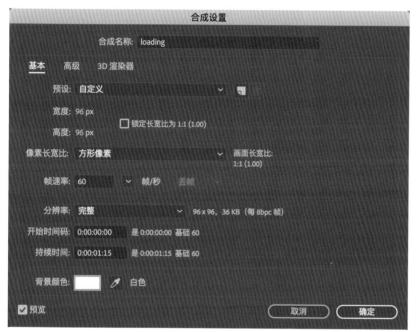,新建一个"大小"为72.0,72.0、"描边宽度"为8、"填充颜色"为蓝紫色的圆形,并将其放置在预览画面居中的位置,效果如图3-164所示。

03 展开该形状图层的"内容"菜单,单击"内容"一行右侧的"添加"按钮 ▶,执行"修剪路径"命令,创建修剪路径,如图3-165所示。

图3-163

图3-164

图3-165

04 展开"内容"菜单中的"修剪路径"参数,设置"开始"和"结束"的关键帧,如图3-166所示。

设置步骤

①在0:00:00:15处单击"开始"左边的"小秒表"按钮 ⏱ 设置关键帧,参数为0.0%,然后设置"缓入"效果,拖曳"当前时间指示器"至0:00:01:05处,设置"开始"参数为94.0%。

②在0:00:00:05处单击"结束"左边的"小秒表"按钮 ⏱ 设置关键帧,参数为6.0%,拖曳"当前时间指示器"至0:00:00:45处,设置"结束"参数为100.0%,并设置"缓出"效果。

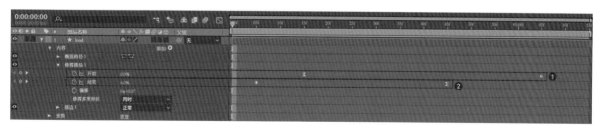

图3-166

05 展开该形状图层的"变换"菜单,在0:00:00:05处单击"旋转"左边的"小秒表"按钮 ⏱ 设置关键帧,参数为0x-25.0°;拖曳"当前时间指示器"至0:00:01:14处,设置"旋转"参数为0x+0.0°,如图3-167所示。

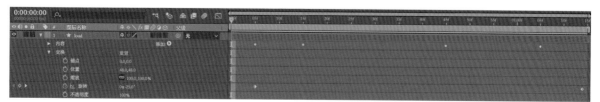

图3-167

06 在菜单栏中执行"合成>新建合成"命令，并将新建合成命名为"加载动效"，"合成设置"对话框中的其他参数如图3-168所示。

07 将准备好的切图素材background.png和"loading"合成拖曳进"加载动效"合成的时间轴面板中，并将"loading"合成放置于预览画面居中偏下的位置，效果如图3-169所示。

08 选择"loading"合成，执行"图层>时间>启用时间重映射"命令，如图3-170所示。

图3-168

图3-169

图3-170

09 拖曳"当前时间指示器"至0:00:01:15处，修改"时间重映射"参数为0:00:01:14，如图3-171所示。

图3-171

10 选择"loading"合成的"时间重映射"项，执行"动画>添加表达式"命令，如图3-172所示；或按住Alt键并单击"时间重映射"左边的"小秒表"按钮，如图3-173所示。在时间轴面板中输入表达式loopOut(type = "cycle", numKeyframes = 0)，如图3-174所示，单击输入框的其他区域即可完成输入。

图3-172

> **提示** 在添加表达式的时候应注意，必须使用英文半角输入法，所有标点符号均为英文半角，否则表达式会出现错误。

图3-173

图3-174

11 在时间轴面板中，拖曳"loading"合成的进度条右侧至0:00:05:00处，如图3-175和图3-176所示。

图3-175

图3-176

12 展开"loading"合成图层的"变换"菜单，在0:00:00:00处单击"旋转"左边的"小秒表"按钮🔘设置关键帧，设置"旋转"参数为0x+0.0°；拖曳"当前时间指示器"至0:00:04:59处，设置"旋转"参数为3x+0.0°，如图3-177所示。

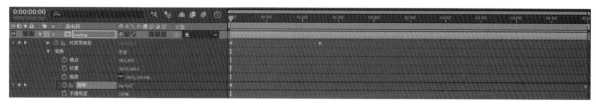

图3-177

> **提示** 根据以上步骤，就实现了Material Design风格加载动效，按空格键即可进行预览。
>
> 读者还可以结合之前学习的"实例：制作列表的出现效果"，完成列表从加载到出现的完整动效，效果如图3-178所示。

图3-178

3.5.2 基础的进度条动效

　　进度条动效用于告知用户操作或加载的当前进度，当操作或加载需要较长时间才能完成或需要告知用户进度时，经常会使用进度条增加用户的期待值并减少等待产生的焦虑。

实例：制作快速实现进度圈动效

素材文件	素材文件>CH03>13
实例文件	实例文件>CH03>实例：制作快速实现进度圈动效
教学视频	实例：制作快速实现进度圈动效.mp4
学习目标	运用"修剪路径"和编号效果制作动效

扫
码
看
视
频

　　本实例是快速实现进度圈动效，效果如图3-179所示。

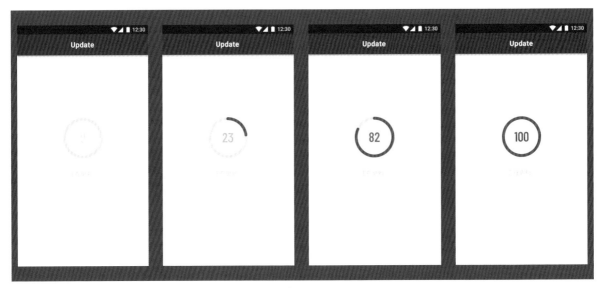

图3-179

01 在菜单栏中执行"合成>新建合成"命令,并将新建合成命名为"progress","合成设置"对话框中的其他参数如图3-180所示。

02 选择"椭圆工具" ,新建一个"大小"为200.0,200.0的圆形,设置"描边宽度"为16、"填充颜色"为灰色,将其重命名为"圈背景",并放置在画面居中位置,如图3-181所示。

03 复制"圈背景"形状图层,并重命名为"进度",更改颜色为#6F3DE5。展开该形状图层的"内容"菜单,单击"内容"右侧的"添加"按钮 ,执行"修剪路径"命令,创建修剪路径,如图3-182所示。

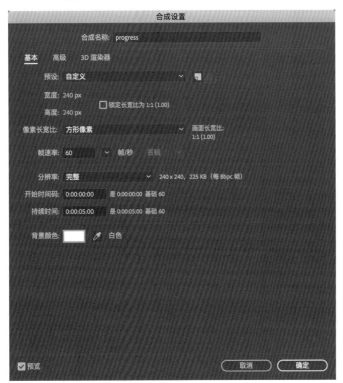

图3-180

图3-181

图3-182

04 展开"内容"菜单中的"修剪路径"和"变换"参数,分别设置"修剪路径"的"结束"关键帧与"不透明度"关键帧,如图3-183所示。

设置步骤

①在0:00:00:00处单击"结束"左边的"小秒表"按钮⊙设置关键帧,设置"结束"参数为0.0%;拖曳"当前时间指示器"至0:00:01:45处,设置参数为60.0%;在0:00:02:00处,单击"在当前时间添加(或移除)关键帧"按钮◆设置关键帧,营造出缓冲效果;在0:00:03:00处,设置参数为100.0%;在0:00:04:00处,再次单击"在当前时间添加或移除关键帧"按钮◆设置关键帧,最后将所有关键帧设置为"缓动"效果。

②在0:00:04:00处单击"不透明度"左边的"小秒表"按钮⊙设置关键帧,参数为100%;拖曳"当前时间指示器"至0:00:04:30处,设置"不透明度"参数为0%。

图3-183

05 在工具栏中选择"横排文字工具"**T**,在"合成"面板的任意位置单击,并随意输入一个数字,创建文本图层;然后在"效果和预设"面板中查找到"文本>编号",拖曳该效果至文本图层上方,如图3-184所示,给文本图层添加"编号"效果控件。

06 此时会自动弹出"编号"的设置窗口,可以根据需要设置"字体""方向""对齐方式"等参数,如图3-185所示。在"效果控件"面板中,设置"数值/位移/随机最""小数位数""填充颜色""大小"等主要参数,如图3-186所示。注意,"填充颜色"为灰色。

图3-184

图3-185

图3-186

07 展开"效果"菜单,或在"效果控件"面板中设置"编号"的"数值/位移/随机最"关键帧与"填充颜色"关键帧,如图3-187所示。

设置步骤

①在0:00:00:00处单击"数值/位移/随机"最左边的"小秒表"按钮⊙设置关键帧,参数为0.00;拖曳"当前时间指示器"至0:00:01:45处,设置参数为60.00;在0:00:02:00处,单击"在当前时间添加或移除关键帧"按钮◆设置关键帧;在0:00:03:00处,设置参数为100.00;在0:00:04:00处,再次单击"在当前时间添加或移除关键帧"按钮◆设置关键帧;在0:00:04:30处,设置参数为0.00,最后将所有关键帧设置为"缓动"效果。

②在0:00:00:00处单击"填充颜色"左边的"小秒表"按钮 ⬤ 设置关键帧,参数为#DDDDDD;拖曳"当前时间指示器"至0:00:01:45处,设置参数为#8B76BE;在0:00:02:00处,单击"在当前时间添加或移除关键帧"按钮 ◆ 设置关键帧;在0:00:03:00处,设置参数为#6F3DE5;在0:00:04:00处,再次单击"在当前时间添加(或移除)关键帧"按钮 ◆ 设置关键帧;最后在0:00:04:30处,设置参数为#DDDDDD。

图3-187

08 在菜单栏中执行"合成>新建合成"命令,并将新建合成命名为"加载进度圈","合成设置"对话框中的其他参数如图3-188所示。

09 将准备好的切图素材background.png和"progress"合成拖曳进合成的时间轴面板中,再将"loading"合成放置于预览画面居中偏上位置,使用"横排文字工具" T 在其下方输入"正在更新...",效果如图3-189所示。

图3-188

图3-189

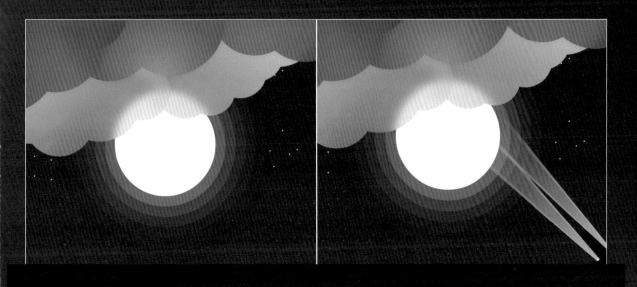

第**4**章 将动效运用在 UI设计中

■ 学习目的

在前面的章节中，读者学习并掌握了如何使用 After Effects 制作 UI 动效。但在实际工作中，UI 动效的运用是非常复杂的，效果也不像前面介绍的那么单一。本章将结合商业性质的案例来带领读者学习 UI 动效的制作和设计思路。

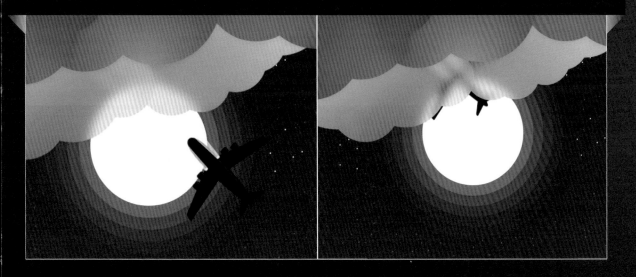

4.1 制作灵动的UI特效

本节将使用更加实用的操作技巧制作更为复杂的移动UI动效，从中更深入理解动效的原则——连续流畅、整体一致、符合物理法则等，利用动效建立用户在屏幕操作过程中的视觉联系，起到传达信息、增强反馈和沉浸体验的作用。

实例：制作LOGO的切片动效

素材文件　素材文件>CH04>01
实例文件　实例文件>CH04>实例：制作LOGO的切片动效
教学视频　实例：制作LOGO的切片动效.mp4
学习目标　掌握"时间置换"效果与预合成嵌套的运用

本实例是实现LOGO的切片动效，效果如图4-1所示。

图4-1

01 执行"合成>新建合成"命令，设置"合成设置"对话框中的参数，如图4-2所示。注意，这里设置"背景颜色"为黑色，方便查看效果。

02 将准备好的素材LOGO.png导入到"项目"面板中，并将其拖曳到时间轴面板中，将该素材置于居中位置，使用鼠标右键单击该图层，执行"预合成"命令，如图4-3所示。将该预合成命名为"LOGO"，其他设置如图4-4所示。经过这样的处理，就可以在"LOGO"合成中直接替换素材，而不影响切片效果。

图4-2

图4-3

图4-4

03 在"LOGO位移"合成中设置"LOGO"合成的关键帧，如图4-5所示。在0:00:01:00处设置"变换"菜单中的"位置"关键帧，将参数设置为-128.0,300.0，使"LOGO"合成位于画面左侧外；在0:00:01:15处设置为400.0,300.0，使"LOGO"合成位于画面中间；在0:00:02:15处设置为400.0,300.0；在0:00:03:00处设置为928.0,300.0，使"LOGO"合成移出画面右侧。

图4-5

04 由于这样的位移运动会非常机械，因此需要进行缓动处理，让位移运动更加自然，如图4-6所示。

设置步骤

①打开"图表编辑器"。

②选择"变换"菜单中的"位置"属性。

③将速度曲线调整为"快进缓出"。

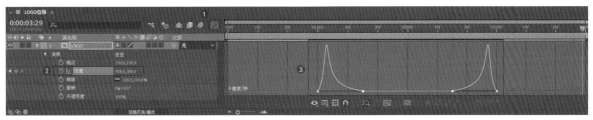

图4-6

提示 如果在"图表编辑器"中未能看到速度曲线，可以在"图表编辑器"执行"选择图表的类型和选项>编辑速度图表"命令，如图4-7所示。

图4-7

05 为"LOGO"合成加上"渐现渐隐"的效果。在0:00:01:00处设置"变换"菜单中的"不透明度"关键帧，将参数设置为0%；在0:00:01:12处设置为100%；在0:00:02:18处设置为100%；在0:00:03:00处设置为0%，如图4-8所示。

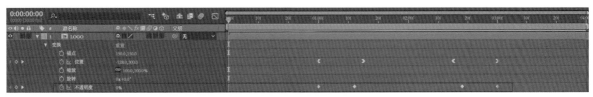

图4-8

06 执行"合成>新建合成"命令，"合成设置"对话框中的参数如图4-9所示。

07 选择"矩形工具" ，在合成的中间位置绘制高度不同的矩形，效果如图4-10所示。

图4-9

图4-10

08 在工具栏中选择"选取工具" ，双击选择某个矩形，并更改填充颜色。将各个矩形的填充颜色设置成不同的灰色，如图4-11所示。这样处理会影响后面运用到的时间置换效果，颜色越深对应的时间置换效果越明显，后面会更详细介绍这个效果。

09 执行"合成>新建合成"菜单命令，"合成设置"对话框中的参数如图4-12所示，然后将"LOGO位移"合成和"Map"合成拖曳到时间轴面板中。

图4-11

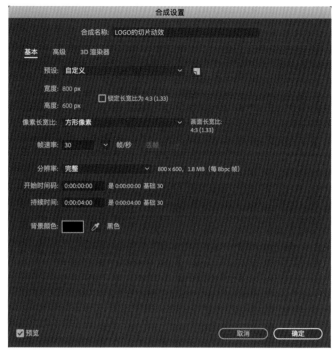

图4-12

10 选择"LOGO位移"合成图层，执行"效果>时间>时间置换"命令，在"效果控件"面板中设置"时间置换"效果的各项参数，如图4-13所示。

11 将"Map"合成中的第1个矩形的"填充颜色"设置为更深的黑灰色，第2个矩形的填充颜色设置为更浅的灰白色，如图4-14所示。对比左边画面的"时间置换"效果，可明显看出矩形的填充颜色越深，"时间置换"效果对"LOGO位移"合成图层的影响就越明显。

图4-13

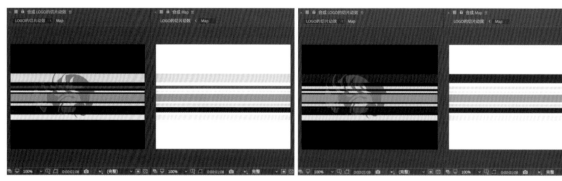

图4-14

提示 在"LOGO的切片动效"合成中隐藏"Map"合成图层，新建一个渐变的"纯色"固态图层作为背景，这样便实现了LOGO的切片动效。读者可以尝试在"LOGO"合成中替换素材，实现自己专属的LOGO切片动效，如图4-15所示。

图4-15

实例：制作科技感旋转球体

素材文件	素材文件>CH04>02
实例文件	实例文件>CH04>实例：制作科技感旋转球体
教学视频	实例：制作科技感旋转球体.mp4
学习目标	掌握"CC Sphere"效果及"内阴影""外发光"图层样式的运用

本实例是实现科技感旋转球体的动效，效果如图4-16所示。

图4-16

01 执行"合成>新建合成"命令，并将新建合成命名为"球体"，"合成设置"对话框中的其他参数如图4-17所示。

02 将准备好的素材map.png导入"项目"面板，并将其拖曳到"球体"合成的时间轴面板中，执行"效果>透视>CC Sphere"菜单命令，如图4-18所示。

图4-17

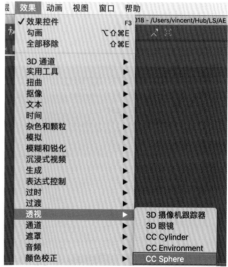

图4-18

提示 素材可以随意更换，此处的map.png素材使用了半透明效果背景，这样会让CC Sphere自动生成的球体呈现半透明状态，增加了球体的通透感和科技感。

03 调整"CC Sphere"的参数，如图4-19所示。其中的"Radius"（半径）参数用于调整球体的半径；"Light"菜单可调整球体的光面，其主要参数是"Light Intensity"（强度）、"Light Color"（颜色）、"Light Height"（距离）以及"Light Direction"（角度）；"Shading"菜单可调整球体的暗面，其主要参数是"Ambient"（范围）、"Diffuse"（扩展）及"Reflective"（反射光，需要先设置好"Reflection Map"）等。

图4-19

04 接下来是关键步骤，让球体转动起来，并转动到我们需要的位置。设置"CC Sphere"的关键帧，在0:00:00:00处设置"Rotation"（旋转）菜单中的"Rotation X"和"Rotation Y"的关键帧，将两者的参数都设置为0x+0.0°；在0:00:04:00处将"Rotation X"设置为0x-34.0°，将"Rotation Y"设置为0x+264.0°，如图4-20所示。注意，最后将所有关键帧设置为"缓动"效果。

图4-20

05 在合成的正中间位置新建一个"大小"为1640.0,1640.0的圆形，将其命名为"大气层"，再将"填充颜色"设置为#000032，并放置在"map"图层的下方。执行"图层>图层样式"命令，并分别执行"内阴影"与"外发光"命令，参数设置如图4-21所示。

06 完成了球体旋转的动效制作后，接下来通过添加一些细节，来制作球体旋转相关的界面效果。再次新建合成，将合成命名为"实例：科技感旋转球体"，设置"背景颜色"为#000032，"合成设置"对话框中的其他参数如图4-22所示。

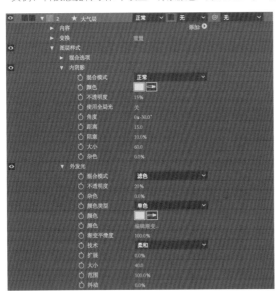

图4-21

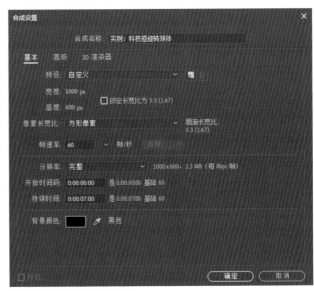

图4-22

07 将"球体"合成拖曳到"实例：科技感旋转球体"合成的时间轴面板中，并设置关键帧和相关的参数，如图4-23所示。

设置步骤

①在0:00:04:12处设置"变换"菜单中的"位置"关键帧，将参数设置为500.0,300.0；接着拖曳"当前时间指示器"至0:00:04:42处，并将参数设置为410.0,300.0，再设置"缓出"效果。

②在0:00:00:00处设置"变换"菜单中的"缩放"关键帧，将"缩放"参数设置为30.0%,30.0%；接着拖曳"当前时间指示器"至0:00:02:30处，并将"缩放"参数设置为80.0%,80.0%；最后在0:00:04:00处设置为85.0%,75.0%，并设置"缓出"效果。

图4-23

08 在工具栏中选择"横排文字工具"**T**，在合成的右侧位置新建文本图层"CHINA"，设置颜色为白色，然后设置关键帧和相关的参数，如图4-24所示。

设置步骤

①在0:00:04:12处设置"变换"菜单中的"位置"关键帧，将参数设置为644.0,420.0；接着拖曳"当前时间指示器"至0:00:04:42处，并将参数设置为684.0,420.0，再设置"缓出"效果。

②在0:00:04:12处设置"变换"菜单中的"不透明度"关键帧,将参数设置为0%;接着拖曳"当前时间指示器"至0:00:04:26处,并将参数设置为100%。

图4-24

提示 根据以上步骤制作,就实现了科技感旋转球体的动效,如图4-25所示。手机助手图标的动效也使用了CC Sphere效果进行制作,读者可以先思考要如何实现该效果,再参考实例文件中的"实例:手机助手图标动效"的具体设置。

图4-25

实例:制作水波纹加载球动效

素材文件	素材文件>CH04>03
实例文件	实例文件>CH04>实例:制作水波纹加载球动效
教学视频	实例:制作水波纹加载球动效.mp4
学习目标	掌握"无线电波""置换图""高斯模糊"效果与合成嵌套的运用

扫码看视频

本实例是实现水波纹加载球动效,效果如图4-26所示。

图4-26

01 执行"合成>新建合成"命令,并将新建合成命名为"置换图",其他参数设置如图4-27所示。

02 在"置换图"合成的时间轴面板的空白处单击鼠标右键,执行"新建>纯色"命令,如图4-28所示。接着可随意设置"纯色设置"对话框中的"颜色",这不会影响后面步骤,如图4-29所示。

图4-27

图4-28

图4-29

03 选择该纯色图层（也称"固态层"）后，单击鼠标右键，执行"效果>生成>无线电波"命令，参数设置如图4-30所示。读者也可以根据实际需要，调整"波动"菜单中"频率"和"扩展"的参数，以此来改变"无线电波"的扩散形态。

04 再次单击鼠标右键并执行"效果>模糊和锐化>高斯模糊"命令，参数设置如图4-31所示。这里的"模糊度"值的大小会直接影响水波纹的起伏程度，在后面的步骤中会进一步讲解。

05 执行"合成>新建合成"命令，将新建合成命名为"水波纹"，其他参数设置如图4-32所示。

图4-30

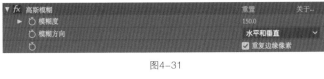

图4-31

图4-32

06 在"水波纹"合成的时间轴面板的空白处单击鼠标右键，执行"新建>纯色"命令，设置"颜色"参数为#6E2EFA，如图4-33所示。

07 在"项目"面板中将"置换图"合成拖曳到"水波纹"合成的时间轴面板中，并将其置于"紫色"纯色图层的上方。选中"紫色"纯色图层，单击鼠标右键并执行"效果>扭曲>置换图"命令，参数设置如图4-34所示，最终的显示效果如图4-35所示。

图4-33

图4-34

图4-35

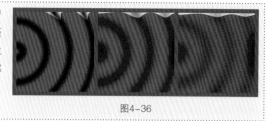

> **提示** 上面步骤提到在"置换图"合成中，纯色图层的"高斯模糊"中的"模糊度"值的大小会影响水波纹的起伏程度。通过从小到大调整"模糊度"参数，我们可以在"水波纹"合成中直观地看到水波纹起伏从剧烈到缓和，如图4-36所示。由此可知"置换图"中颜色深的部分，在"水波纹"中生成的凹陷越明显。

图4-36

08 调整好"水波纹"的起伏程度后，隐藏"置换图"合成图层，然后再次新建合成，参数设置如图4-37所示。

09 在工具栏中双击"矩形工具"按钮■，新建一个与合成的高、宽相同的矩形，将"填充颜色"设置为#9B6FFB，并将其命名为"背景色"，如图4-38所示。

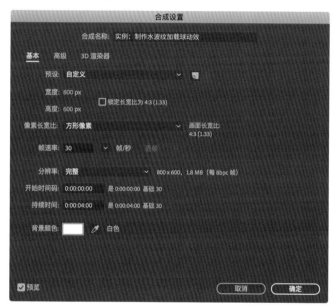

图4-37

图4-38

10 在工具栏中选择"椭圆工具"，在合成的正中间位置新建一个"大小"为420.0,420.0的圆形，将"填充颜色"设置为#FFFFFF，并将其命名为"球体背景"。在菜单栏中执行"图层>图层样式>投影"命令，投影的参数设置如图4-39所示。

11 在合成的正中间位置新建一个"大小"为400.0,400.0的圆形，将"填充颜色"设置为线性渐变，颜色为#DCDCDC从上往下渐变成#FFFFFF，并将其命名为"球体容器"，显示效果如图4-40所示。

图4-39

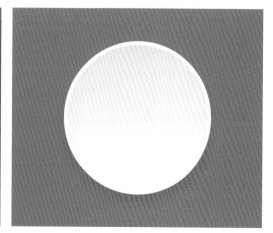

图4-40

12 复制出另外两个"球体容器"正圆形状，并将它们分别重命名为"遮罩层1"和"遮罩层2"，如图4-41所示。

图4-41

13 在工具栏中选择"横排文字工具" **T**，在合成的正中间位置新建文本图层"LOADING"，并复制出另外一个。将位于上方的文本的颜色设置为#FFFFFF，位于下方的文本的颜色设置为#6E2EFA，图层位置和显示效果如图4-42所示。

14 将"项目"面板中的"水波纹"合成拖曳到当前合成中，并将其置于"遮罩层1"图层的下方。设置"轨道遮罩"为"Alpha 遮罩'遮罩层1'"。在0:00:00:00处设置"变换"菜单中的"位置"关键帧，将参数设置为400.0,900.0；在0:00:03:15处设置为400.0,450.0，图层位置和显示效果如图4-43所示。

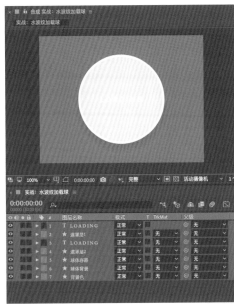

图4-42

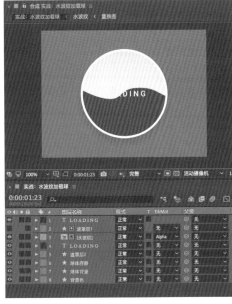

图4-43

15 复制出另一个"水波纹"合成，并将其置于图层的最顶部。将"LOADING"文本图层的"轨道遮罩"设置为"Alpha 遮罩'水波纹'"，图层位置和显示效果如图4-44所示。

16 为了做出水波纹的层次感，再次复制出另一个"水波纹"合成，执行"图层>图层样式>颜色叠加"命令，设置"颜色"参数为#5716E4，再将其置于"遮罩层2"图层下方。设置"轨道遮罩"为"Alpha 遮罩'遮罩层2'"。在0:00:00:00处设置"变换"菜单中的"位置"关键帧，将参数设置为280.0,896.0；在0:00:03:15处设置为480.0,440.0，图层位置和显示效果如图4-45所示。

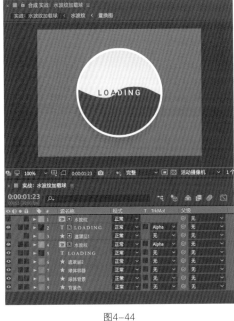

图4-44

图4-45

提示 根据以上步骤的制作，就实现了水波纹加载球动效。利用水波纹的动效，举一反三，还可以实现水波纹加载条动效，如图4-46所示。具体设置可参考实例文件中的"水波纹加载条"合成。

图4-46

实例：制作"高大上"的金属效果动效

素材文件	素材文件>CH04>04	
实例文件	实例文件>CH04>实例：制作"高大上"的金属效果动效	
教学视频	实例：制作"高大上"的金属效果动效.mp4	
学习目标	掌握"动态拼贴""CC Blobbylize""勾画"效果的运用，以及"摄像机"功能的运用	

扫码看视频

本实例是实现"高大上"的金属效果动效，针对形状图层自动生成的金属效果，如图4-47所示。

图4-47

01 执行"合成>新建合成"命令，将新建合成命名为"金属效果动效"，其他参数如图4-48所示。

02 将准备好的素材图形素材.ai导入"项目"面板中，并将其拖曳到时间轴面板中。单击鼠标右键并执行"从矢量图层创建形状"命令，如图4-49所示。

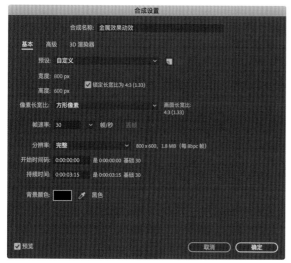

图4-48

图4-49

03 将"图形素材.ai"图层删除,然后选择"'图形素材'轮廓"形状图层,单击鼠标右键并执行"预合成"命令,将新建预合成命名为"渲染层",其他参数设置如图4-50所示。这样是为了方便以后替换需要渲染的素材。

04 将准备好的球形环境HDRI贴图素材Studio Environment Maps.jpg拖曳到时间轴面板中,调整其大小并移至合适的位置,如图4-51所示。

图4-50

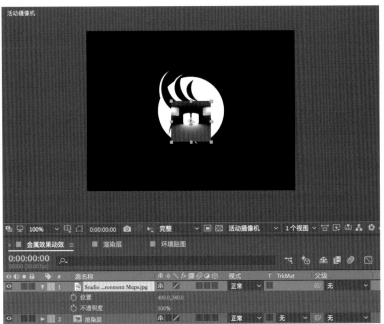

图4-51

05 将该贴图素材进行重复拼接,以覆盖图形,执行"效果>风格化>动态拼贴"命令,参数设置如图4-52所示。

06 将贴图素材图层移至"渲染层"合成图层的下方,然后将该贴图素材图层进行预合成,并将新建预合成命名为"环境贴图",再将其设置为"Alpha 遮罩'渲染层'",效果如图4-53所示。

图4-52

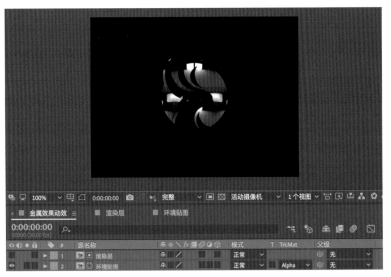

图4-53

07 选择"环境贴图"合成,执行"效果>扭曲>CC Blobbylize"命令,参数设置如图4-54所示。"环境贴图"通过该操作会自动渲染出"渲染层"的反射效果,并模拟出金属效果,如图4-55所示。

图4-54

图4-55

提示 需要特别注意的是，在设置"CC Blobbylize"参数时要选择"1.渲染层"作为"源"，才能正确地渲染，如图4-56所示。

图4-56

08 设置该"环境贴图"合成的关键帧，如图4-57所示，实现图形进场的渐现效果。

设置步骤

①在0:00:01:10处设置"CC Blobbylize"菜单中的"Light Intensity"关键帧，将参数设置为40.0，在0:00:02:00处设置为120.0。

②在0:00:01:00处设置"变换"菜单中的"不透明度"关键帧，将参数设置为0%；在0:00:01:20处设置为100%。

图4-57

09 选择"渲染层"合成，按快捷键Ctrl+D复制该图层，将复制出的图层重命名为"高光"。在菜单栏中执行"效果>生成>勾画"命令，参数设置如图4-58所示。

10 设置该"高光"合成的关键帧，如图4-59所示，实现图形进场的高光勾边效果。

设置步骤

①在0:00:00:15处设置"勾画"菜单中的"长度"关键帧，将参数设置为0.000；在0:00:01:00处设置"长度"参数为0.800。

②在0:00:00:15处设置"勾画"菜单中的"旋转"关键帧，将参数设置为0x-60.0°；在0:00:01:20处设置旋转参数为0x-180°。

③在0:00:01:10处设置"变换"菜单中的"不透明度"关键帧，将参数设置为100%，在0:00:01:20处设置为0%。

图4-58

图4-59

11 选择"高光"合成的所有关键帧，在任一个关键帧上单击鼠标右键，并执行"关键帧辅助>缓动"命令，效果如图4-60所示。

图4-60

12 使用"摄像机"功能来强化进场的动感效果。在时间轴面板的空白处单击鼠标右键并执行"新建>摄像机"命令,"摄像机设置"对话框中的默认参数如图4-61所示。

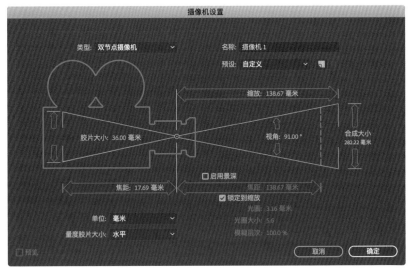

图4-61

13 在时间轴面板的空白处单击鼠标右键并执行"新建>空对象"命令,然后将"摄像机"设为该空对象图层的子级对象,如图4-62所示。

图4-62

14 将各个图层的"3D 图层"功能打开,如图4-63所示。

15 设置该空对象图层的关键帧,如图4-64所示。设置步骤如下。

图4-63

设置步骤

①在0:00:00:15处设置"变换"菜单中的"缩放"关键帧,将"缩放"参数设置为115.0%,115.0%,115.0%;在0:00:01:20处设置为100.0%,100.0%,100.0%,并设置"缓动"效果。

②在0:00:00:15处设置"变换"菜单中的"X轴旋转"关键帧,将参数设置为0x+15.0°;在0:00:01:20处设置为0x+0.0°,并设置"缓动"效果。

图4-64

提示 根据以上步骤的制作,就实现了"高大上"的金属效果动效。实践时还可以根据实际需要,替换"渲染层"合成中的图形或字体,再稍微调整"环境贴图"合成的CC Blobbylize效果的参数,实现理想的金属效果动效,参考效果如图4-65所示。

图4-65

实例：制作生动有趣的图标

素材文件　素材文件>CH04>05
实例文件　实例文件>CH04>实例：制作生动有趣的图标
教学视频　实例：制作生动有趣的图标.mp4
学习目标　熟悉轨道遮罩的使用方法和图层的阻尼效果

本实例是实现图标的选择动效，效果如图4-66所示。

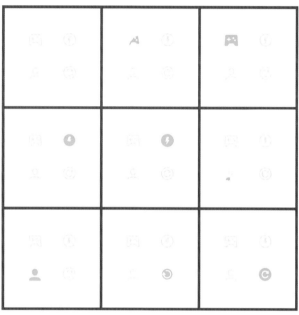

图4-66

01 实现"手柄"图标的选择动效。执行"合成>新建合成"命令，"合成设置"对话框中的参数如图4-67所示。这里同样设置"背景颜色"为黑色，方便查看效果。

02 将准备好的素材手柄.ai导入"项目"面板中，并将其拖曳到时间轴面板中，根据需要将该素材的"缩放"参数设置为400.0%,400.0%，如图4-68所示。

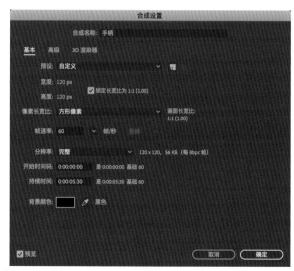

图4-67

图4-68

03 在"手柄.ai"图层上单击鼠标右键,执行"从矢量图层创建形状"命令,如图4-69所示。此时会得到"'手柄'轮廓"的形状图层,再复制出一个"'手柄'轮廓"的形状图层,将图层从上往下依次重命名为"按键"和"主体"。

04 展开这两个形状图层的设置菜单的"内容"菜单,选择多余的路径,按删除键删除,使形状图层分别如图4-70和图4-71所示。

图4-69　　　　　　　图4-70　　　　　　　图4-71

05 对这两个形状图层进行动效处理;对"按键"图层设置关键帧和相关的参数,如图4-72所示。设置步骤如下。

设置步骤

①在0:00:00:12处设置"内容"菜单中"填充"的"颜色"关键帧,将"颜色"参数设置为#DDDDDF;接着拖曳"当前时间指示器"至0:00:00:24处,并将参数设置为#FFFFFF。

②在0:00:00:12处设置"变换"菜单中的"缩放"关键帧,将"缩放"参数设置为400.0%,400.0%;接着拖曳"当前时间指示器"至0:00:00:20处,并将"缩放"参数设置为500.0%,500.0%;在0:00:00:24处设置为380.0,380.0%;在0:00:00:30设置为400.0%,400.0%,这样就产生了阻尼效果。

06 选择"锚点工具" ,将"主体"形状图层的锚点移至左下角,如图4-73所示。

图4-72　　　　　　　　　　　　　　　　　　　图4-73

07 对"主体"图层设置关键帧和相关的参数,如图4-74所示。设置步骤如下。

设置步骤

①在0:00:00:12处设置"变换"菜单中的"旋转"关键帧,将"旋转"参数设置为0x+0.0°;在0:00:00:20处设置"旋转"参数为0x-10.0°;在0:00:00:30处设置"旋转"参数为0x+0.0°。

②在0:00:00:12处设置"变换"菜单中的"不透明度"关键帧,将参数设置为100%;在0:00:00:30处设置为0%。

08 选择"主体"形状图层,按快捷键Ctrl+D复制该图层,并将复制出的图层重命名为"主体遮罩"。删除"不透明度"的关键帧,并设置为100%,再删除多余的路径,仅剩下主体轮廓,如图4-75所示。

图4-74　　　　　　　　　　　　　图4-75

09 单击"合成"面板的空白处,在工具栏中选择"椭圆工具" ,在合成的右下角处按住Shift键拖曳绘制一个圆形,设置"填充颜色"为#00D2C4,如图4-76所示。

10 设置该圆形形状图层的关键帧。在0:00:00:12处设置"内容"菜单中"椭圆路径"的"大小"关键帧,将参数设置为38.0,38.0;在0:00:00:30处设置为288.0,288.0,使该圆形形状图层能大过主体遮罩,如图4-77所示。

11 将该圆形形状图层置于"主体遮罩"图层的下方,然后在"轨道遮罩"中选择"Alpha遮罩'主体遮罩'",如图4-78所示。这样就实现了"手柄"图标的选择动效。

图4-76

图4-77

图4-78

12 实现"闪电"图标的选择动效。执行"合成>新建合成"命令,"合成设置"对话框中的参数如图4-79所示。

13 参照步骤02~步骤04的方法导入素材并创建"'闪电'轮廓"的形状图层,再复制出一个"'手柄'轮廓"的形状图层。将图层从上往下依次重命名为"闪电"和"主体",删除多余的路径,使形状图层分别如图4-80和图4-81所示。

图4-79

图4-80

图4-81

14 对这两个形状图层进行动效处理。首先对"闪电"图层设置关键帧和相关的参数,将其"填充颜色"设置为#FFFFFF,然后在0:00:00:18处设置"变换"菜单中的"缩放"关键帧,将参数设置为500.0%,500.0%,在0:00:00:22处设置为500.0%,500.0%,在0:00:00:26处设置为380.0%,380.0%,在0:00:00:30处设置为400.0%,400.0%,如图4-82所示。由此产生了阻尼效果,保持图标被选择时动效的整体一致。

图4-82

> **提示** 在制作同一部分图标的动效时,应当考虑动效的整体一致性,要提供连贯且有特征的用户体验。

15 对"主体"图层设置关键帧和相关的参数。在0:00:00:12处设置"变换"菜单中的"不透明度"关键帧,将参数设置为100%,在0:00:00:30处设置为0%,如图4-83所示。

图4-83

16 单击"合成"面板的空白处,双击"椭圆工具"按钮 ,此时会在合成中自动生成一个圆形,调整该图形的"椭圆路径"的"大小"为96.0,96.0,"填充颜色"为#00D2C4,并将其置于"闪电"和"主体"图层之间,如图4-84所示。

图4-84

17 设置该圆形形状图层的关键帧。在0:00:00:12处设置"变换"菜单中的"缩放"关键帧,将"缩放"参数设置为0.0%,0.0%;在0:00:00:30处设置为100.0%,100.0%,如图4-85所示。

18 选择"矩形工具"▬,在合成的中间位置按住Shift键拖曳绘制一个"大小"为80.0,80.0的正方形,如图4-86所示。

图4-85　　　　　　　　　　　　　　　　　　　　　图4-86

19 设置该正方形形状图层的关键帧。在0:00:00:18处设置"变换"菜单中的"位置"关键帧,将参数设置为60.0,-15.0;在0:00:00:30处设置为60.0,60.0,并将该图层置于最顶层,如图4-87所示。

图4-87

20 在"闪电"图层的"轨道遮罩"中选择"Alpha遮罩'遮罩'",这样就实现"闪电"图标的选择动效,如图4-88所示。

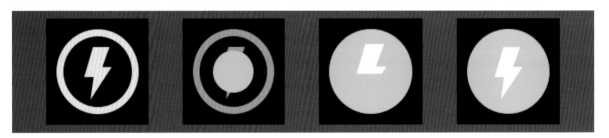

图4-88

21 根据以上步骤的制作,就实现了"手柄"和"闪电"图标的选择动效。下图中另外的两个图标的选择动效,可参考实例文件中的"个人"合成与"刷新"合成,如图4-89所示,请读者尝试制作出来。

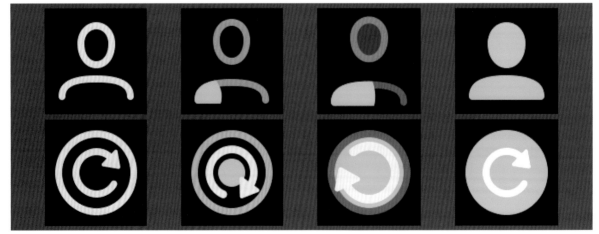

图4-89

22 将以上4个选择动效的合成放到一个总的合成中以便预览,然后执行"合成>新建合成"命令,"合成设置"对话框中的参数如图4-90所示。

23 将"手柄"合成拖入该总的合成中,并将其置于合成左上角的合适位置,接着将素材手柄.ai也拖曳到该合成中,并将该素材的"缩放"参数设置为400.0%,400.0%,选择"从矢量图层创建形状"得到"'手柄'轮廓"的形状图层,最后将该形状图层与"手柄"

合成置于同一位置，如图4-91所示。

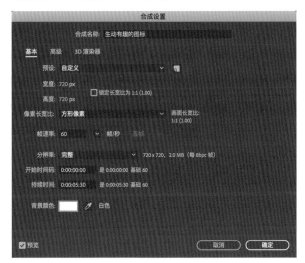

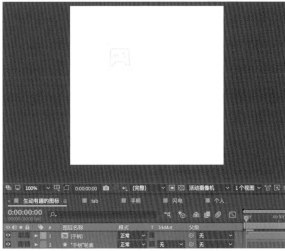

图4-90   图4-91

24 在时间轴面板中将"手柄"合成向右拖曳10帧，并对"手柄"合成的"变换"菜单进行设置，如图4-92所示，实现选择时的缩放效果与切换时的退场效果。

设置步骤

①在0:00:00:16处设置"缩放"关键帧，将"缩放"参数设置为100.0%,100.0%；在0:00:00:26处设置"缩放"参数为80.0%,80.0%；在0:00:00:40处设置"缩放"参数为100.0%,100.0%。这样就实现了选择时缩放的效果。

②在0:00:01:20处设置"不透明度"关键帧，将参数设置为100%，在0:00:01:30处设置为0%。

图4-92

25 对"'手柄'轮廓"图层在0:00:00:12处设置"变换"菜单中的"不透明度"关键帧，将参数设置为100%，在0:00:00:30处设置为0%，如图4-93所示。这样就创造了图标的补间动画。

图4-93

26 按照步骤23依次将各个选择效果的合成及其形状图层置于合适的位置，再按照步骤24和步骤25对合成和形状图层进行处理，图层分布如图4-94所示，最终实现图标选择动效。

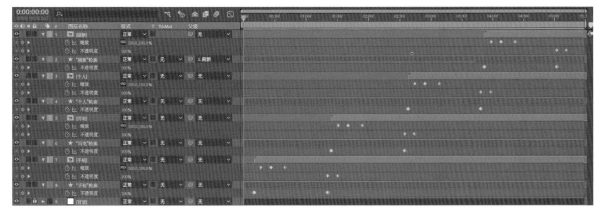

图4-94

4.2 打造个性化的UI组件

通过前一节深入理解、学习制作动效，制作的UI中的元素、转场更加灵动了。本节继续通过实例，对常见的UI组件进行动效处理。读者不仅能更进一步学习到动效制作思路和方法，更能在实际工作中使用到这些方法。

实例：制作卡片式轮播图动效

素材文件	素材文件>CH04>06
实例文件	实例文件>CH04>实例：制作卡片式轮播图动效
教学视频	实例：制作卡片式轮播图动效.mp4
学习目标	了解复杂的合成嵌套，及其结合循环动画的运用

本实例是实现卡片式轮播图动效，效果如图4-95所示。

图4-95

02 将准备好的位图素材banner_1.png拖曳到时间轴面板中，默认位于合成中间，如图4-97所示。

03 在"banner_1.png"图层上单击鼠标右键并执行"预合成"命令，将该预合成命名为"图片素材_1"，其他参数设置如图4-98所示。

图4-97

01 新建合成，命名为"banner_1"，其他参数设置如图4-96所示。

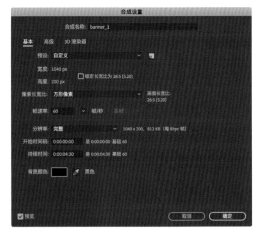

图4-96

图4-98

04 设置该预合成的关键帧和相关的参数，如图4-99所示。设置步骤如下。

设置步骤

①在0:00:01:00处设置"变换"菜单中的"位置"关键帧，将"位置"参数设置为783.5,100.0，将预合成置于画面最右边；在0:00:01:30处设置"位置"参数为520.0,100.0，将预合成置于画面中间，在0:00:02:30处添加相同的关键帧，让预合成停留1秒；在0:00:03:00处设置"位置"参数为256.5,100.0，将预合成置于画面最左边，在0:00:04:00处添加相同的关键帧，同样让预合成停留1秒；接着在0:00:04:30处设置"位置"参数为783.5,100.0，形成循环的动效；最后给所有关键帧加上"缓动"效果。

②在0:00:01:00处设置"变换"菜单中的"缩放"关键帧，将"缩放"参数设置为95.0%,95.0%；在0:00:01:30处设置"缩放"参数为100.0%,100.0%，在0:00:02:30处添加相同的关键帧；在0:00:03:00处设置"缩放"参数为95.0%,95.0%；最后给所有关键帧加上"缓动"效果，使图像在左右位移过程中有透视的效果。

图4-99

05 在工具栏中选择"圆角矩形工具" ，新建一个"大小"为270.0,200.0、"圆度"为10.0的圆角矩形，将其置于画面的最右边，并重命名为"遮罩层"，效果如图4-100所示。

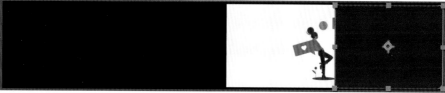

图4-100

06 设置"遮罩层"的关键帧和相关的参数，如图4-101所示。

设置步骤

①在0:00:01:00处设置"内容"菜单中圆角矩形的"大小"关键帧，将"大小"参数设置为270.0,200.0；在0:00:01:30处设置为540.0,200.0，在0:00:02:30处添加相同的关键帧，让"遮罩层"停留1秒；在0:00:03:00处设置为270.0,200.0，最后给所有关键帧加上"缓动"。

②在0:00:01:00处设置"变换"菜单中圆角矩形的"位置"关键帧，将参数设置为911.8,75,100.0；在0:00:01:30处设置为520.0,100.0，在0:00:02:30处添加相同的关键帧，让"遮罩层"停留1秒；在0:00:03:00处设置为128.25,100，在0:00:04:00处添加相同的关键帧，同样让"遮罩层"停留1秒；接着在0:00:04:30处设置为911.8,100.0，形成循环的动效；最后给所有关键帧加上"缓动"。

③在0:00:01:00处设置"变换"菜单中圆角矩形的"缩放"关键帧，将参数设置为95.0%,95.0%；在0:00:01:30处设置为100.0%,100.0%，在0:00:02:30处添加相同的关键帧，让"遮罩层"停留1秒；在0:00:03:00处设置为95.0%,95.0%，最后给所有关键帧加上"缓动"。

图4-101

07 在"图片素材_1"预合成的"轨道遮罩"中选择"Alpha 遮罩'遮罩层'"，如图4-102所示，这样便实现了第1个轮播图的动效。

08 选择"项目"面板中的"图片素材_1"合成和"banner_1"合成，按快捷键Ctrl+D复制合成。双击打开"banner_2"合成，将"图片素材_2"合成拖曳到该合成中。选择并复制"图片素材_1"合成所有的关键帧，删除"图片素材_1"合成。然后将"当前时间指示器"移至0:00:01:00处，将复制的关键帧粘贴到"图片素材_2"合成中，并同样在"轨道遮罩"中选择"Alpha 遮罩'遮罩层'"，如图4-103所示。

图4-102

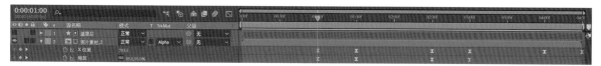

图4-103

09 双击打开"图片素材_2"合成，将合成中的图片素材替换成准备好的位图素材banner_2.png，至此就实现了第2个轮播图的动效，效果如图4-104所示。

10 重复步骤08和步骤09，实现第3个轮播图的动效，效果如图4-105所示。

11 新建合成，命名为"卡片式轮播图动效"，其他参数设置如图4-106所示。

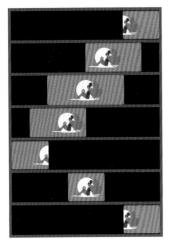
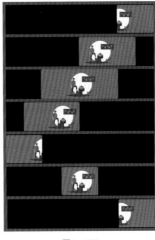
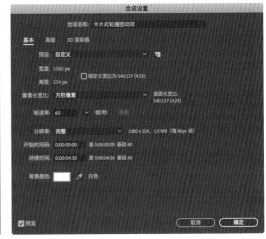

图4-104　　　　　　　　　　　图4-105　　　　　　　　　　　　　　　　图4-106

12 将"banner_1""banner_2""banner_3"这3个合成拖曳到"卡片式轮播图动效"合成的时间轴面板中，并同时选择这3个合成，执行"图层>时间>启用时间重映射"命令，如图4-107所示。

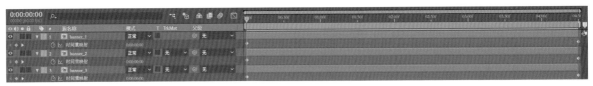

图4-107

13 将"时间重映射"的结束帧拖曳至0:00:04:29处，修改其参数为0:00:04:29，如图4-108所示。

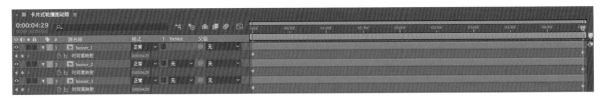

图4-108

14 选择"banner_1"合成的"时间重映射"项，执行"动画>添加表达式"命令，或按住Alt键单击"时间重映射"左边的"小秒表"按钮。在时间轴面板中输入表达式loopOut(type ="cycle", numKeyframes = 0)，单击输入框以外的区域即可完成输入。其他两个合成也按照以上方法添加动画循环，如图4-109所示。

图4-109

提示 在添加表达式的时候应注意，必须使用英文半角输入法，所有标点符号均为英文半角，否则表达式会出现错误。

15 将"banner_1"图层的时间轴整体左移3秒，再将该图层时长向左拖曳减少至0:00:01:30处；将"banner_2"图层的时间轴整体左移1.5秒；将"banner_3"图层的时间轴整体右移1.5秒，如图4-110所示。

图4-110

16 将"banner_1""banner_2""banner_3"这3个合成进行复制，并拖曳至图层底部，将复制出来的"banner_1"和"banner_2"图层的时长拉满整个时间轴，再将复制出来的"banner_3"图层的时间轴整体左移3秒，如图4-111所示。这样就实现了卡片式轮播图动效。

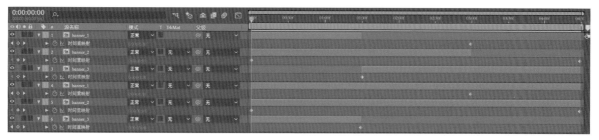

图4-111

实例：制作酷炫的电流加载动效

素材文件	素材文件>CH04>07
实例文件	实例文件>CH04>实例：制作酷炫的电流加载动效
教学视频	实例：制作酷炫的电流加载动效.mp4
学习目标	掌握"描边""发光""湍流置换"效果和"高级闪电"特效的运用，以及预合成的使用技巧

本实例是实现酷炫的电流加载动效，效果如图4-112所示。

图4-112

01 将LOGO.psd素材文件直接拖入After Effects的素材库中，导入设置如图4-113所示。

02 在素材库中双击打开名为"LOGO"的合成，执行"合成>合成设置"命令，并修改合成命名和参数，如图4-114所示。

图4-113

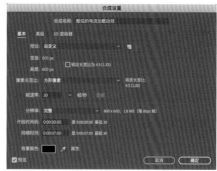

图4-114

03 在合成中名为"LOGO"的图层上单击鼠标右键并执行"效果>生成>描边"命令；或在选择"LOGO"图层后执行"效果>生成>描边"命令；也可以在"效果和预设"面板中直接搜索"描边"，然后拖曳该效果到"LOGO"图层中，如图4-115所示。

04 展开图层的设置菜单中"效果"菜单中的"描边"，或在"效果控件"面板中设置关键帧和相关的参数，如图4-116所示，在0:00:03:00的效果如图4-117所示。

图4-115

设置步骤

①设置"所有蒙版"为"开"。

②设置"顺序描边"为"关"。

③将"颜色"设置为#5078FF。

④将"画笔大小"调整为1.2。

⑤在"结束"项的0:00:00:00处设置关键帧，设置"结束"参数为0.0%；拖曳"当前时间指示器"，在0:00:03:00设置关键帧，设置"结束"参数为100.0%。

⑥将"绘画样式"设置为"在透明背景上"。

图4-116

图4-117

05 复制"LOGO"图层获得"LOGO2"图层。把"LOGO2"图层的"描边"效果的"颜色"设置为#5A96FF，将"画笔大小"调整为1.8，如图4-118所示。在"结束"项的0:00:00:00关键帧处添加"缓出"效果，在0:00:03:00关键帧处添加"缓入"效果。在"起始"项的0:00:00:00处设置关键帧，设置"起始"参数为0.0%，在0:00:01:20处设置"起始"参数为55.0%，在0:00:02:20处设置"起始"参数为100.0%，如图4-119所示。

图4-118

图4-119

06 在合成中名为"LOGO2"的图层上单击鼠标右键并执行"效果>风格化>发光"菜单命令，添加"发光"效果，如图4-120所示。

07 在合成中名为"LOGO2"的图层上单击鼠标右键并执行"效果>扭曲>湍流置换"菜单命令，将"湍流置换"效果的"大小"设置为2.0，如图4-121所示。

08 复制"LOGO2"图层获得"LOGO3"图层。把"LOGO3"图层的"描边"效果的"颜色"设置为#00FFFF，将"画笔大小"调整为2，如图4-122所示。将"结束"项的0:00:03:00处的关键帧往左拖到0:00:02:25。在"起始"项的00:00f处关键帧添加"缓出"效果，删除在0:00:01:20处的关键帧，将0:00:02:20处的关键帧往右拖到0:00:03:00并添加"缓入"效果，如图4-123所示。

图4-120

图4-121

图4-122

图4-123

09 把"LOGO03"图层的"发光"效果的"发光半径"设置为12.0，"发光强度"设置为2.0，如图4-124所示。

10 把"LOGO03"图层的"湍流置换"效果的"大小"设置为4.0，如图4-125所示。

图4-124

图4-125

11 在时间轴面板的空白处单击鼠标右键并执行"新建>调整图层"命令，将新建的图层重命名为"闪电"并将其移至时间轴面板的最顶层。如图4-126所示。

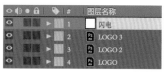
图4-126

12 在"闪电"调整图层上单击鼠标右键并执行"效果>生成>高级闪电"命令，并设置关键帧和相关的参数，如图4-127所示。设置步骤如下。

设置步骤

①设置"闪电类型"为"击打"。

②在"源点"的0:00:02:15处设置关键帧参数为402.0,296.0；在0:00:03:10处设置关键帧参数为445.0,310.0。

③在"方向"的0:00:02:15处设置关键帧参数为420.0,310.0；在0:00:03:00处设置关键帧参数为430.0,310.0；在0:00:03:10处设置关键帧参数为445.0,310.0。

④设置"在原始图像上合成"为"开"。

⑤在"变换"中的"不透明度"项的0:00:02:15处设置关键帧参数为0%；在0:00:02:20处设置关键帧参数为100%。

> **提示** 这里的"源点"和"方向"的参数可以根据实际图形外轮廓进行设置。

图4-127

13 选择"LOGO2""LOGO3""闪电"图层单击鼠标右键执行"预合成"命令，如图4-128所示。读者也可以按快捷键Ctrl+Shift+C创建预合成。

14 在创建预合成时，将名称设置为"电流"，如图4-129所示，然后把"电流"合成设置中的"持续时间"调整为0:00:03:10。

图4-128

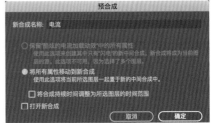

图4-129

15 在"酷炫的电流加载动效"合成中，复制3个"电流"合成，并且每隔一秒放一个，如图4-130所示。

图4-130

> **提示** 再次复制"LOGO"图层获得"LOGO2"图层，并在"效果控件"面板中删除"LOGO2"图层的"描边"效果，然后在0:00:05:00处设置"不透明度"参数为0%，在0:00:05:20处设置"不透明度"参数为100%。
>
> 如果遇到图案显示错误，可以根据实际情况在"图层设置蒙版"中调整"路径操作"。本实例中可将"蒙版4"调整为"相减"模式。

16 在时间轴面板的空白处单击鼠标右键并执行"新建>纯色"命令，将新建的纯色图层命名为"背景色"，然后将其移动至时间轴面板的最底层，在该图层上单击鼠标右键并执行"效果>生成>梯度渐变"命令，将"起始颜色"设置为#292E49，"结束颜色"设置为#000000，其他参数设置如图4-131所示。

图4-131

实例：制作液态效果的下拉刷新动效

素材文件	素材文件>CH04>08
实例文件	实例文件>CH04>实例：制作液态效果的下拉刷新动效
教学视频	制作液态效果的下拉刷新动效.mp4
学习目标	深入使用复杂的合成嵌套，"粘连"效果的实现和应用

扫码看视频

本实例是实现液态效果的下拉刷新动效，效果如图4-132所示。

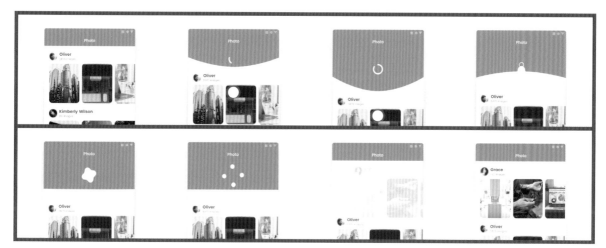

图4-132

01 新建合成，命名为"加载球"，其他参数设置如图4-133所示。

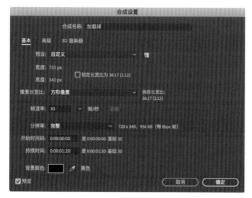

图4-133

02 在工具栏中选择"椭圆工具" ，新建一个"大小"为80.0,80.0的圆形，并将其置于画面中央。设置"纯色填充颜色"为#FFFFFF，并将其重命名为"加载球"，按快捷键Ctrl+D复制出另外3个圆形，如图4-134所示。

图4-134

03 在"加载球"图层的"变换"菜单中设置"位置"和"缩放"的关键帧，在0:00:00:00处设置"位置"参数为360.0,164.0，"缩放"参数为100.0%,100.0%；在0:00:00:15处和0:00:00:25处设置"位置"参数为290.0,170.0，"缩放"参数为70.0%,70.0%；在0:00:01:10处设置"位置"参数为360.0,170.0，"缩放"参数为100.0%,100.0%，如图4-135所示。

图4-135

04 按照上一步骤，对"加载球 2""加载球 3""加载球 4"图层在同一时间点设置"位置"和"缩放"的关键帧，使"加载球"均从中间位置往四周移动，移动的同时缩小，移动一段距离后停留一段时间再移动到中间位置并在过程中逐渐恢复原来的大小，如图4-136所示。

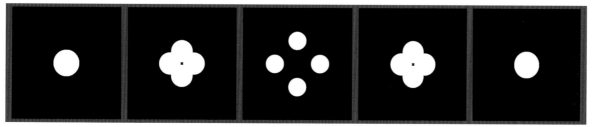

图4-136

05 在时间轴面板中单击鼠标右键并执行"新建>空对象"命令，在新建的空对象图层的"变换"菜单中设置"旋转"的关键帧，在0:00:00:00处设置为0x+0.0°；在0:00:01:10处设置为1x+0.0°；把所有的"加载球"图层作为该空对象图层的子级图层，如图4-137所示，由此实现一个类似水滴边旋转边散开的效果。

图4-137

06 在时间轴面板中单击鼠标右键，在弹出的快捷菜单中执行"新建>调整图层"命令，在"效果和预设"面板中找到"模糊和锐化>高斯模糊"，并将其拖曳到"调整图层"上，参数设置如图4-138所示。

图4-138

07 在"效果和预设"面板中找到"遮罩>简单阻塞工具"，将其拖曳到"调整图层"上，参数设置如图4-139所示，由此实现"粘连"效果。

图4-139

08 新建合成，命名为"弹性层"，其他参数设置如图4-140所示。

09 将准备好的矢量素材底部弹层.ai拖曳到时间轴面板中，在素材上单击鼠标右键并执行"从矢量图层创建形状"命令；展开该形状的"内容"菜单找到"路径"，并在0:00:00:00处设置关键帧；接着将"当前时间指示器"移至0:00:00:05处，使用"选取工具"将位于中间的锚点向上拖曳，如图4-141所示；将"当前时间指示器"移至0:00:00:09处，使用"选取工具"将位于中间的锚点拖曳至水平位置，如图4-142所示。

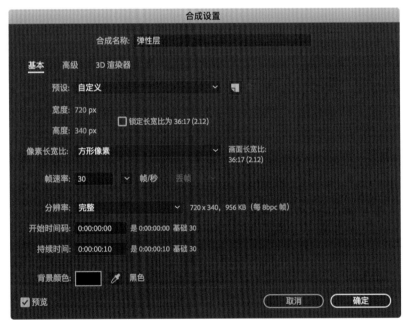

图4-140

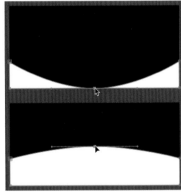

图4-141

图4-142

提示 如果选择"路径"后未能找到锚点，可以检查菜单栏中的"视图>显示图层控件"命令是否已勾选，如图4-143所示。

图4-143

10 打开“图表编辑器”开关，给路径的动效设置“缓动”效果，如图4-144所示。

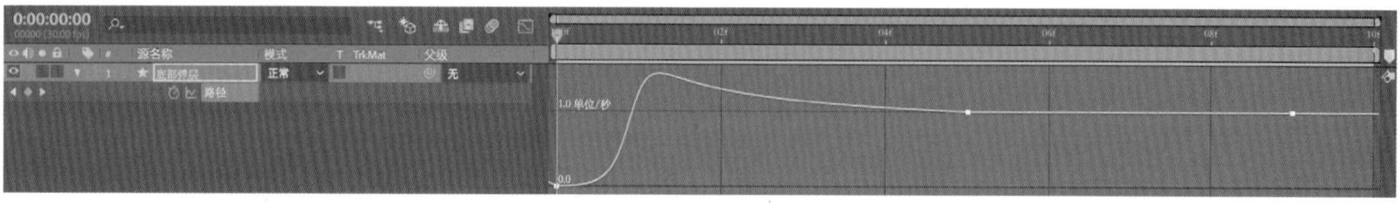

图4-144

11 在工具栏中选择“椭圆工具”，新建一个“大小”为80.0,80.0的圆形，并将其置于画面底部之外。给0:00:00:00处的“位置”设置关键帧；在0:00:00:09处设置“位置”参数为360.0,114.0，并设置“缓动”效果，如图4-145所示。

12 按照步骤07创建“粘连”效果，或直接从“加载球”合成中复制“粘连”效果的调整图层到“弹性层”合成中，效果如图4-146所示。

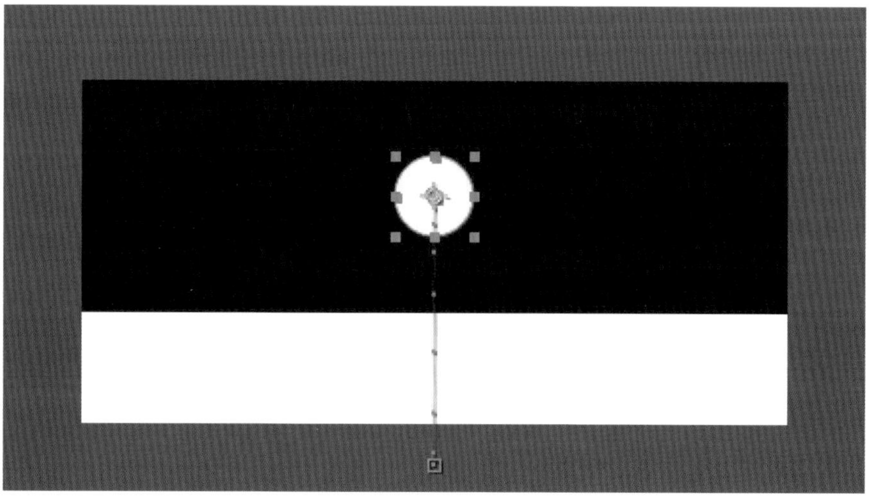

图4-145

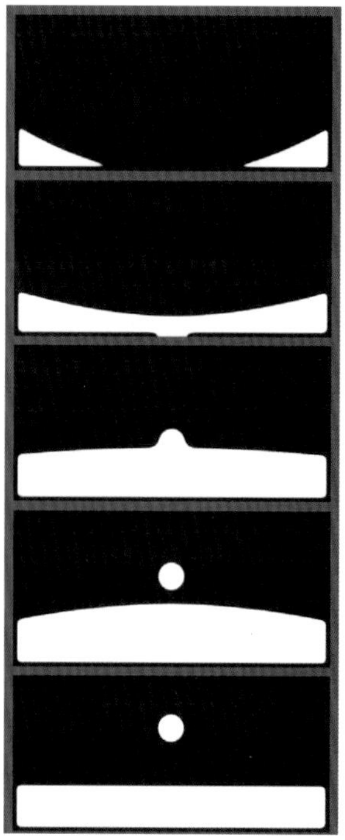

图4-146

13 新建合成，命名为“刷新”，其他参数设置如图4-147所示。

14 在时间轴面板中单击鼠标右键并执行“新建>纯色”命令，设置“颜色”为#0099FF，其他参数设置如图4-148所示。

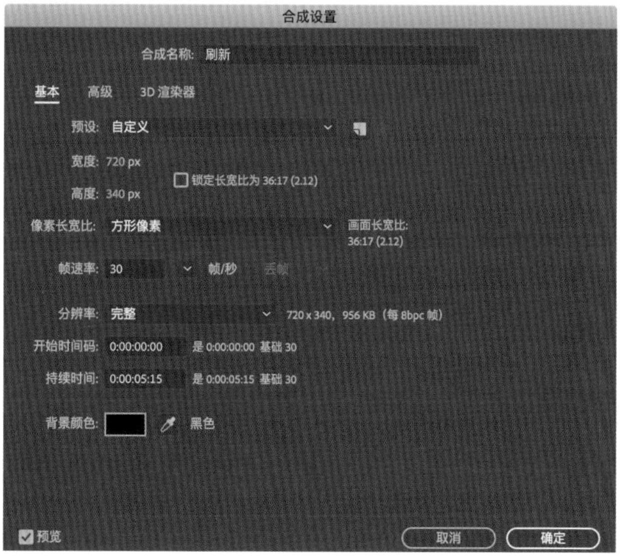

图4-147

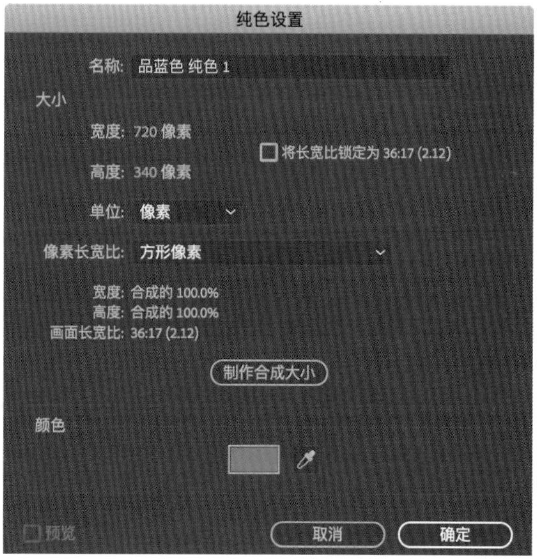

图4-148

15 按照步骤06再次将准备好的矢量素材底部弹层.ai拖曳到时间轴面板中，在该素材上单击鼠标右键并执行"从矢量图层创建形状"命令，展开该形状的"内容"菜单找到"路径"，在0:00:00:25和0:00:01:05处分别设置关键帧。将"当前时间指示器"移至0:00:00:00处，使用"选取工具" ▶ 将左上角和右上角的锚点向下拖曳到底部，如图4-149所示；将"当前时间指示器"移至0:00:01:10处，将中间的锚点向上拖曳到与步骤09中"底部弹层"相同的高度，如图4-150所示；将"当前时间指示器"移至0:00:01:14处，将位于中间的锚点拖曳至水平位置，如图4-151所示；将"当前时间指示器"移至0:00:01:18处，将位于中间的锚点向下拖曳一小段，然后移至0:00:01:25处，再将该锚点向上拖曳一小段，再移至0:00:02:00处，最后将该锚点拖曳至水平位置，以制作出"弹性"效果，如图4-152所示。

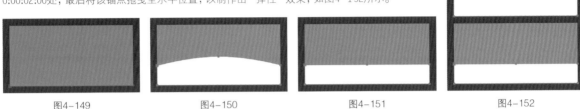

| 图4-149 | 图4-150 | 图4-151 | 图4-152 |

16 打开"图表编辑器"开关，对路径的动效设置"缓动"效果，如图4-153所示。

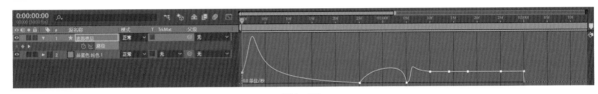

图4-153

17 在工具栏中选择"椭圆工具" ⬤ ，新建一个"大小"为70.0,70.0的圆形，并将其置于画面中央。设置圆形的"描边宽度"为10，"描边颜色"为#FFFFFF，再将其重命名为"加载圈"，效果如图4-154所示。

18 在"加载圈"的"内容"菜单中添加"修剪路径"，在0:00:00:00处设置"结束"的关键帧，参数为0.0%，在0:00:00:25处设置为100.0%。展开"变换"菜单，在0:00:00:00处设置"位置"的关键帧，参数为360.0,375.0，在0:00:00:25和0:00:01:05处分别设置为360.0,170.0，在0:00:01:15处设置为360.0,114.0，并设置"缓动"效果；在0:00:01:05处设置"缩放"的关键帧，参数为100.0%,100.0%，在0:00:01:15处设置为0.0%,0.0%；在0:00:00:00处设置"旋转"的关键帧，参数为0x-180.0°，在0:00:00:25处设置为0x+0.0°，并设置"缓动"效果，如图4-155所示。

图4-154

图4-155

19 将素材库中的"加载球"合成和"弹性层"合成拖曳到"刷新"时间轴面板中，并将"弹性层"合成移至0:00:01:05处，将"加载球"合成移至0:00:01:15处，如图4-156所示，这样就实现了液态效果的下拉刷新动效。

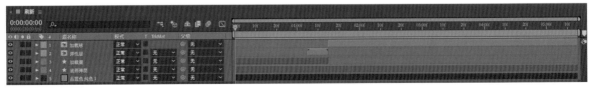

图4-156

20 将上一步实现的动效与UI相结合,展示该动效在UI上是如何交互的。新建合成,命名为"UI",其他参数设置如图4-157所示。

21 双击工具栏中"矩形工具"按钮■,新建一个与合成高宽相同的矩形,并将"填充颜色"设置为#FFFFFF,再将其重命名为"背景"。将准备好的图片素材Navigation Bar.png、New.png和Content.png拖曳到时间轴面板中,并将"Navigation Bar.png"图层置于合成画面顶部,将"New.png"图层和"Content.png"图层置于"Navigation Bar.png"图层下方,效果如图4-158所示。

图4-157　　　　　　　　　　　　　　　　　图4-158

22 设置"Content.png"图层的关键帧。在0:00:00:15处设置"变换"菜单中的"位置"关键帧,将参数设置为420.0,816.0;在0:00:01:10和0:00:01:20处分别设置为420.0,1155.0,在0:00:02:00和0:00:05:00处分别设置为420.0,1115.0;在0:00:05:15处设置为420.0,1255.0,并设置"缓动"效果,如图4-159所示。

图4-159

23 设置"New.png"图层的关键帧。在0:00:05:00处设置"变换"菜单中的"位置"关键帧,将"位置"参数设置为820.0,376.0;在0:00:05:15处设置"位置"参数为420.0,376.0,并设置"缓动"效果。在0:00:05:05处设置"变换"菜单中的"不透明度"关键帧,将"不透明度"参数设置为0%,在0:00:05:15处设置"不透明度"参数为100%,如图4-160所示。

图4-160

24 将素材库中的"刷新"合成拖曳到"UI"合成的时间轴面板中,并移至0:00:00:15处。设置"变换"菜单中的"位置"关键帧,将参数设置为360.0,-34.0;在0:00:01:10和0:00:05:00处分别设置为360.0,306.0;在0:00:05:10处设置为360.0,-34.0,并设置"缓动"效果,如图4-161所示。

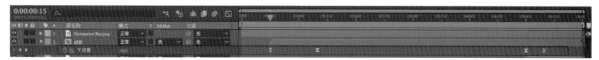

图4-161

提示 至此动效在UI上的展示已经实现,其还可以继续优化,以突出该动效。详细参数可参考实例文件,也可以根据实际需要修改展示效果。

实例：制作有重力感的绳子动效

素材文件　素材文件>CH04>09
实例文件　实例文件>CH04>实例：制作有重力感的绳子动效
教学视频　实例：制作有重力感的绳子动效.mp4
学习目标　使用不同方法，通过路径、"操控点工具"和Motion 2插件制作绳子动效，
　　　　　并掌握多个父级图层的关联运用方法

扫
码
看
视
频

本实例是实现有重力感的绳子动效，效果如图4-162所示。

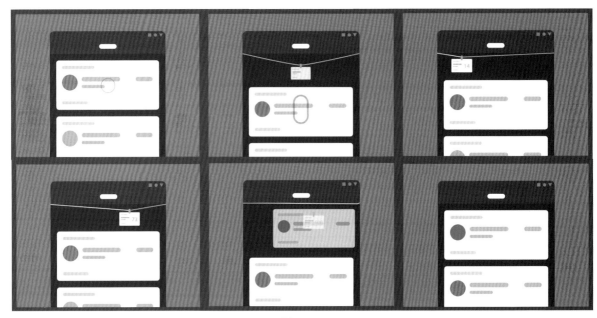

图4-162

01 新建合成，命名为"下拉刷新-路径"，其他参数设置如图4-163所示。

02 在工具栏中选择"钢笔工具" 🖊️，在合成画面的左上角单击，将鼠标指针移到画面的右上角，按住Shift键再次单击，绘制一条直线路径。设置其"描边大小"为4，"描边颜色"为#FFCC00，并将其重命名为"绳子"，如图4-164所示。

图4-163

图4-164

使用"钢笔工具"绘制路径时,按住Shift键单击能快速绘制水平路径、垂直路径或倾斜45°的路径。此外,按住鼠标左键再拖曳鼠标指针,这时锚点两侧会出现控制柄,拖曳控制柄就能绘制出曲线,如图4-165所示。

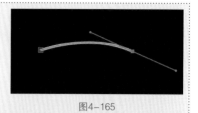

图4-165

03 在工具栏中选择"添加'顶点'工具" ，如图4-166所示,在"绳子"的路径中间单击,添加一个锚点,如图4-167所示。

图4-166   图4-167

04 在工具栏中选择"选取工具" ，并展开"绳子"图层的"内容"菜单找到"路径",在0:00:00:15处设置关键帧;然后将"当前时间指示器"移至0:00:01:00处,向下拖曳中间的锚点到合适位置;接着在0:00:01:15处单击"小秒表"按钮 左边的"在当前时间添加或移除关键帧"按钮 ，添加与上一关键帧相同的关键帧;再在0:00:01:22处向上拖曳中间的锚点到合适位置;最后分别在0:00:01:25、0:00:01:28和0:00:02:00处上下拖曳锚点,如图4-168所示。这样就实现了"绳子"的弹性动效。

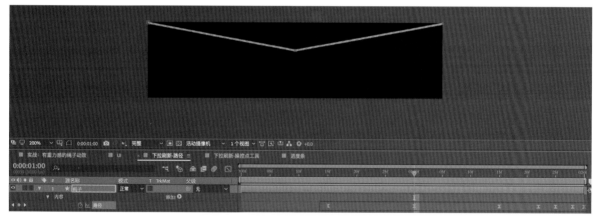

图4-168

05 在工具栏中选择"转换'顶点'工具" ，按住鼠标左键拖曳中间的锚点,这时锚点两侧会出现控制柄,调整控制柄使线的弯折过渡更加平滑,如图4-169所示。

06 将素材信封.png拖曳到时间轴面板中,在工具栏中选择"向后平移(锚点)工具" ，将锚点拖曳至"夹子"的位置,如图4-170所示。

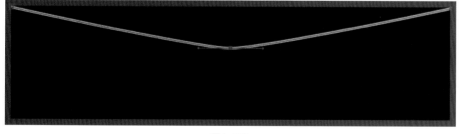

图4-169   图4-170

07 根据"绳子"路径的中间锚点的位置,设置"信封.png"图层的"位置"关键帧,如图4-171所示,使"信封"固定在"绳子"上,效果如图4-172所示。

图4-171

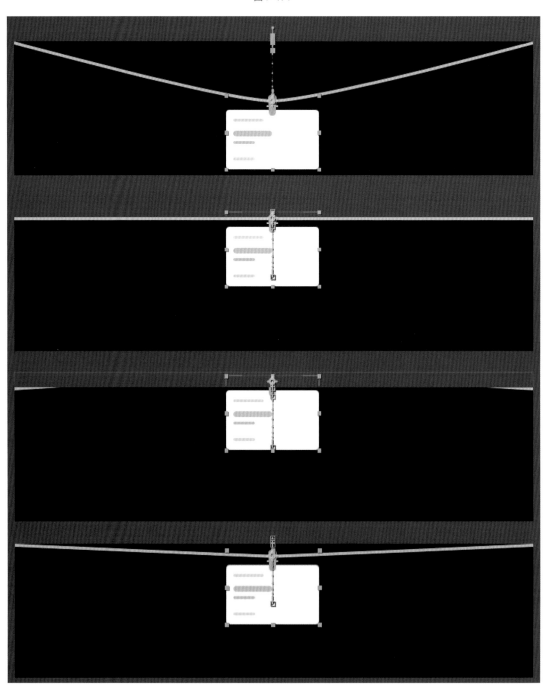

图4-172

08 在"信封.png"图层的"变换"菜单中设置"缩放"和"不透明度"的关键帧。在0:00:00:15处设置"缩放"参数为50.0%,50.0%,"不透明度"参数为0%;在0:00:00:15处设置"缩放"参数为100.0%,100.0%,"不透明度"参数为100%,如图4-173所示,使"信封.png"图层有渐现与放大的动效。

图4-173

09 为所有关键帧加入"缓动"效果，使动效过渡更加流畅、自然，如图4-174所示。

图4-174

10 使用"操控点工具" 来实现弹性动效。新建合成，命名为"下拉刷新-操控点工具"，其他参数设置如图4-175所示。

11 在工具栏中选择"矩形工具" ，新建一个"大小"为720.0,4.0的矩形，并将其置于画面顶部。设置"纯色填充颜色"为 #FFCC00，并将其重命名为"绳子"，如图4-176所示。

12 在工具栏中选择"操控点工具" ，并在"绳子"图层矩形的正中央单击，设置"操控点 1"；在矩形左边设置"操控点 2"；在矩形右边设置"操控点 3"，如图4-177所示。

图4-175

图4-176

图4-177

13 按照步骤04的方法，分别在各个时间点上拖曳"操控点 1"以设置关键帧，如图4-178所示，使"绳子"获得弹性动效。

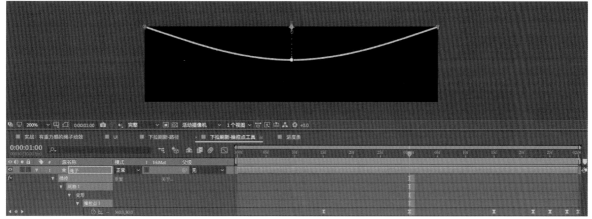

图4-178

14 按照步骤06至步骤08的方法，给"信封.png"图层加上关键帧，使之固定在"绳子"上并有渐现放大的动效。给所有关键帧加入"缓动"效果，使动效过渡更加流畅、自然，这样就使用"操控点工具" 来实现了弹性动效。

15 使用Motion 2插件来制作拥有"绳子"动效的进度条。新建合成，命名为"进度条"，其他参数设置如图4-179所示。执行"窗口>Motion 2.jsxbin"命令，打开"Motion 2"插件面板，单击面板中"NULL"选项，如图4-180所示，在合成中新建一个空对象。

16 将该空对象的中间锚点移至合成画面的左上角，如图4-181所示。

图4-180

图4-179

图4-181

17 再新建两个空对象，并将其分别移至合成画面的中间和右上角，如图4-182所示。

18 选择左上角和中间的空对象，在"Motion 2"插件面板中单击"ROPE"选项，在两个空对象之间建立"绳子"，如图4-183所示。

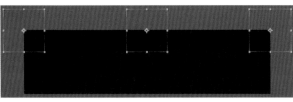

图4-182

图4-183

19 在"Rope（绳子）"的"效果控件"面板中进行参数设置，如图4-184所示。

20 选择画面中间和右上角的空对象，单击"Rope"选项建立"绳子"，并按照步骤21进行参数设置，效果如图4-185所示。

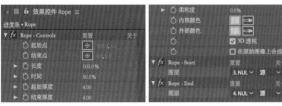

图4-184

图4-185

21 展开中间的空对象图层的"变换"菜单，找到"位置"，在0:00:00:00处设置为360.0,1.5；拖曳"当前时间指示器"至0:00:00:10处设置为74.0,20.5，在0:00:00:17处设置相同关键帧；在0:00:00:24处设置为90.0,20.5，在0:00:01:04处设置相同关键帧；在0:00:02:04处设置为220.0,30.5；在0:00:03:07处设置为360.0,40.5；在0:00:03:20处设置为469.0,40.5，在0:00:04:04处设置相同关键帧；在0:00:05:00处设置为646.0,20.5；最后在0:00:05:15处设置为720.0,1.5，如图4-186所示；最后给所有关键帧加入"缓动"效果。这时"绳子"进度条已逐渐成形。

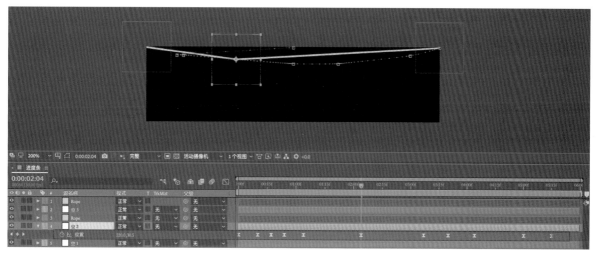

图4-186

22. 接下来给"绳子"增加细节,将加载过的部分填充为白色。在左边"绳子"的"效果控件"面板中设置"内部颜色"和"外部颜色"的参数,在0:00:00:00处设置为#FFCC00,在0:00:00:10处设置为#FFFFFF;在右边"绳子"的"效果控件"面板中设置"内部颜色"和"外部颜色"的参数,在0:00:05:00处设置为#FFCC00,在0:00:05:06处设置为#FFFFFF,如图4-187所示。

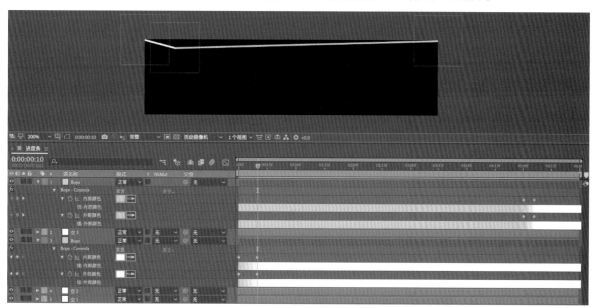

图4-187

23. 将素材"信封.png"拖曳到时间轴面板中,在工具栏中选择"向后平移(锚点)工具" 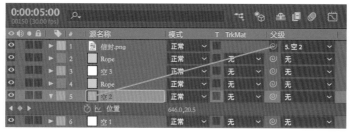,将锚点拖曳至"夹子"的位置,然后将其作为中间的空对象图层的子级图层,跟随空对象图层移动,如图4-188所示。

图4-188

24 设置"信封.png"图层的关键帧和相关的参数,为接下来实现动效做准备,如图4-189所示。

设置步骤

①在0:00:05:00处设置"变换"菜单中的"位置"关键帧,将参数设置为60.0,59.5;在0:00:05:15处设置为-300.0,138.5,最后给所有关键帧加上"缓动"效果。

②在0:00:05:00处设置"变换"菜单中的"不透明度"关键帧,将参数设置为100%;在0:00:05:15处设置为0%。

图4-189

> **提示** 如果此时取消"信封.png"图层与父级图层的关联,可以观察到"信封"位移之后的位置会有所区别。因此在制作动效的过程中,要思考是否使用关联图层以减少工作量,或制作出更加复杂的位移效果。

25 新建合成,命名为"数值",其他参数设置如图4-190所示。

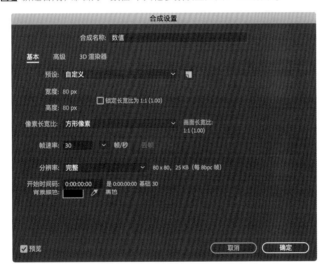

图4-190

26 在工具栏中选择"横排文字工具" T,单击合成画面的空白处,再单击画面外创建"空文本图层"。在"效果和预设"面板中找到"文本>编号"效果,将"编号"拖曳到"空文本图层"中,然后在弹出的"编号"对话框中设置参数,如图4-191所示。

图4-191

27 在"空文本图层"的"效果控件"面板中设置"数值/位移/随机最大"参数,在0:00:00:17处设置参数为0.00;在0:00:00:24处设置参数为3.00,在0:00:01:04处也设置相同数值;在0:00:02:04处设置参数为25.00;在0:00:03:07处设置参数为50.00;在0:00:03:20处设置参数为69.00,在0:00:04:04处也设置相同数值;在0:00:05:00处设置参数为100.00,如图4-192红框所示。其他参数设置如图4-193所示。

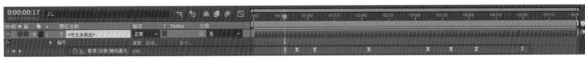

图4-192

图4-193

28 将"数值"合成拖曳到"进度条"合成的时间轴面板中，调整好位置后，设置"信封.png"图层为父级图层，如图4-194所示。给"数值"合成设置"不透明度"参数，在0:00:00:00处设置为0%；在0:00:00:10处设置为100%；在0:00:05:00处设置为100%；在0:00:05:15处设置为0%，由此实现"数值"渐现渐隐的效果。

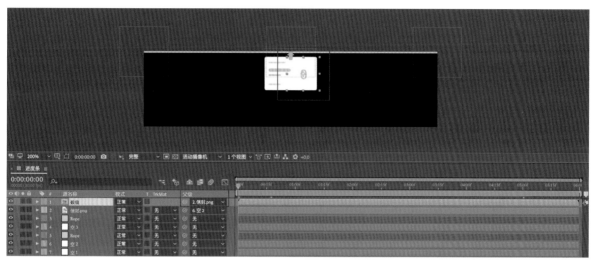

图4-194

29 新建合成，命名为"UI"，其他参数设置如图4-195所示。

30 将"下拉刷新"合成、"进度条"合成和准备好的素材导航栏.png、新卡片.png、卡片.png导入时间轴面板中，再将合成素材衔接起来，对图片素材进行位移和设置"不透明度"。详细参数可参考实例文件，或根据实际需要进行设置，最终效果如图4-196所示。

> **提示** 读者还可以新建合成，将"UI"合成放进时间轴面板后，添加一些操作手势，对该动效进行展示。详细参数可参考实例文件。

图4-195

图4-196

4.3 生动的插画动效

在UI中会经常出现插画，插画可以起到丰富画面或引导用户视线焦点等作用。本节通过3个实例，拓宽插画动效的制作思路，学习工具的使用技巧和对插件的应用。

实例：制作在睡觉的猫

素材文件	素材文件>CH04>10
实例文件	实例文件>CH04>实例：制作在睡觉的猫
教学视频	实例：制作在睡觉的猫.mp4
学习目标	掌握"钢笔工具"的使用技巧及其制作动画的方法，使用插件Auto Crop裁切合成尺寸

扫码看视频

本实例是实现在睡觉的猫的插画动效，效果如图4-197所示。

图4-197

01 新建合成，命名为"实例：在睡觉的猫"，其他参数设置如图4-198所示。

02 在工具栏中选择"钢笔工具" ，在合成画面中间偏左的位置画出"头部"，并将"填充颜色"改为#FFB940，效果如图4-199所示。

图4-198

图4-199

提示 在使用"钢笔工具" ✐绘制形状时，按住鼠标左键即可拖曳出控制柄，以此绘制曲线，如图4-200所示。如果只想操作控制柄的一段，在按住鼠标左键的同时再按住Alt键即可，如图4-201所示。

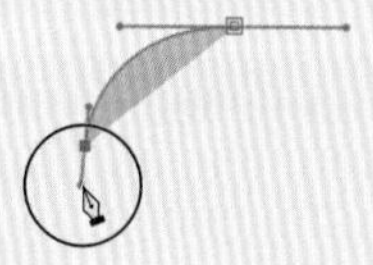

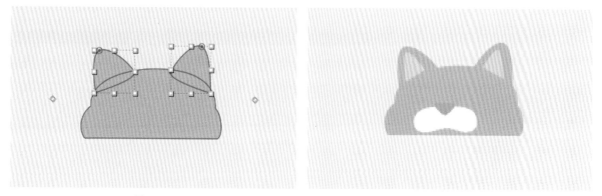

图4-200 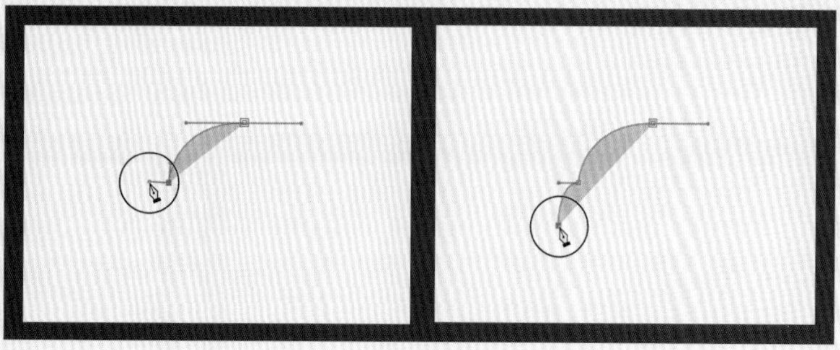   图4-201

03 选择刚刚绘制的"头部"，使用"钢笔工具" ✐继续绘制耳朵的轮廓，如图4-202所示。

04 使用"钢笔工具" ✐继续绘制"耳朵"，设置"填充颜色"为#FFD881；绘制"鼻子"，设置"填充颜色"为#E7AEA5；绘制"腮帮"，设置"填充颜色"为#FFFFFF，效果如图4-203所示。

图4-202   图4-203

提示 在使用"钢笔工具" ✐绘制形状时，只有在未选择任何图层的情况下，才能自动新建形状图层。

05 使用"钢笔工具" ✐继续绘制"眼睛"，设置"描边大小"为2，"描边颜色"为#86591B；绘制"胡须"，设置"描边大小"为1，"描边颜色"为#FFFFFF，效果如图4-204所示。

06 选择前面绘制的所有形状图层，在时间轴面板中单击鼠标右键并执行"预合成"命令，将新合成名称设置为"头部"，其他参数设置如图4-205所示。

图4-204

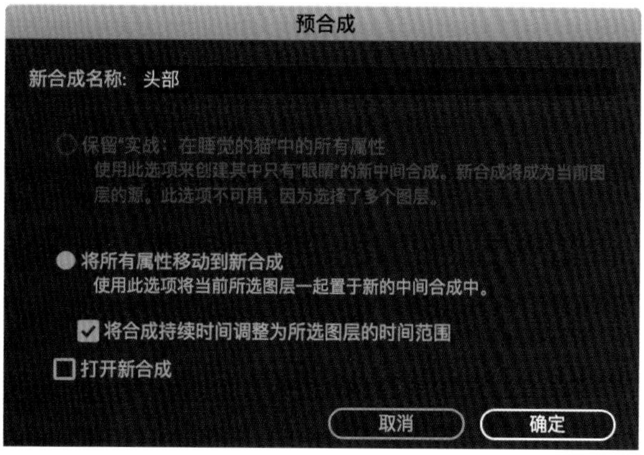

预合成

新合成名称：头部

○ 保留"实战：在睡觉的猫"中的所有属性
　 使用此选项来创建其中只有"眼睛"的新中间合成，新合成将成为当前图层的源。此选项不可用，因为选择了多个图层。

● 将所有属性移动到新合成
　 使用此选项将当前所选图层一起置于新的中间合成中。

　 ☑ 将合成持续时间调整为所选图层的时间范围
　 □ 打开新合成

取消   确定

图4-205

提示 将合成中的图层进行预合成时,预合成的画面尺寸会保持与原有合成一致,如图4-206所示。这时发现存在大量的空白区域,如果我们只想让预合成的画面尺寸刚好为"头部"的大小要怎么办? 使用最传统的办法,先进入预合成中,执行"合成>合成设置"命令,手动设置画面尺寸,并将元素移至合适位置。这种方法不仅费时费力,还有可能对原有合成中的位置造成偏移。插件Auto Crop便因此而诞生,只需选择预合成,并选择插件界面中的Auto Crop,即可快速将预合成的画面尺寸裁剪为最小尺寸,如图4-207所示。

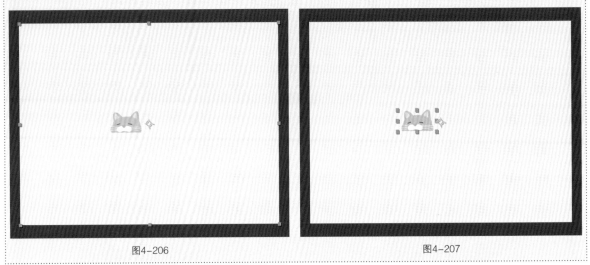

图4-206   图4-207

07 在靠近"头部"合成的位置,使用"钢笔工具" ![钢笔]绘制"身体",设置"填充颜色"为#FFB940;绘制"阴影",设置"填充颜色"为#B28136,效果如图4-208所示。

08 选择"身体"和"阴影"图层进行预合成,将预合成名称设置为"身体"。使用插件Auto Crop对合成进行裁剪,然后将其移至"头部"图层下方,效果如图4-209所示。

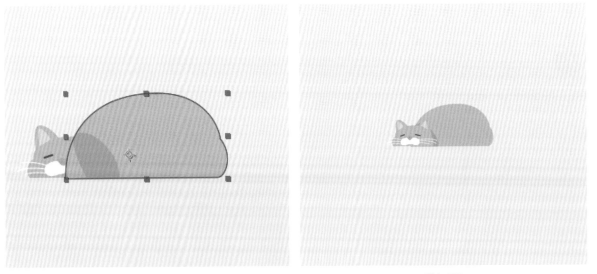

图4-208   图4-209

09 使用"圆角矩形工具" ![圆角矩形]在"身体"合成位置的下方绘制支撑物,设置"垫子正面"的"填充颜色"为#F3D1C2,"垫子侧面"的"填充颜色"为#DAA17E,"支柱"的"填充颜色"为#DB7634,"支柱阴影"的"填充颜色"为#8D5630,再将它们预合成为"支撑物",效果如图4-210所示。

10 选择"钢笔工具" ![钢笔],在靠近"身体"合成的右下方绘制一条曲线,设置"描边大小"为18,"描边颜色"为#FFB940,并将其命名为"尾巴",效果如图4-211所示。

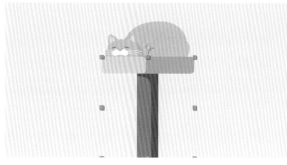

图4-210 图4-211

11 使用"横排文字工具" **T** 在猫的上方输入文本"LOADING...",设置文本颜色为#DB7634,大小和位置如图4-212所示。

12 通过以上步骤动画中各个组成合成已制作完毕,接下来对"身体""尾巴""LOADING..."图层进行动效处理。打开"身体"合成,设置"阴影"和"身体"图层的关键帧,表现猫呼吸的效果,如图4-213所示。

图4-212

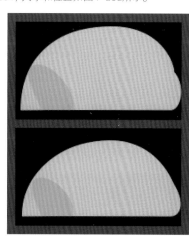

图4-213

13 在"阴影"图层的"内容"菜单中找到"形状",接着在0:00:00:08处设置关键帧。选择"钢笔工具" **✍** ,在0:00:01:30处向下拖曳形状顶部的锚点,如图4-214所示;在0:00:01:45处设置相同的关键帧;在0:00:02:52处复制粘贴0:00:00:08处的关键帧,如图4-215所示,由此实现"阴影"随着呼吸的变化的效果。

图4-214

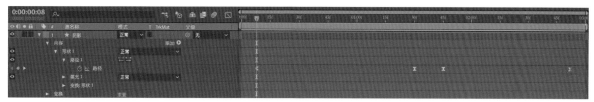

图4-215

> **提示** 如果在使用"钢笔工具" **✍** 时不能拖曳形状的锚点,应检查是否选择了"内容"菜单中的"形状",如图4-216所示。

图4-216

14 重复步骤13的操作,在"身体"图层的"内容"菜单中找到"形状"的"路径",接着在0:00:00:08处设置关键帧。选择"钢笔工具" **✍** ,在0:00:01:30处向下拖曳形状顶部的锚点;在0:00:01:45处设置相同的关键帧;在0:00:02:52处复制粘贴0:00:00:08处的关键帧,如图4-217所示,由此实现"身体"随着呼吸的变化的效果。

图4-217

15 回到"实例：在睡觉的猫"合成中，在"尾巴"图层的"内容"菜单中设置"形状"的关键帧。在0:00:00:00设置上关键帧，如图4-218所示；选择"钢笔工具" ✐，在0:00:00:45处调整"尾巴"的锚点，如图4-219所示；在0:00:01:30处调整"尾巴"的锚点，如图4-220所示；在0:00:02:15处复制粘贴0:00:00:45处的关键帧；在0:00:02:59处复制粘贴0:00:01:30处的关键帧，如图4-221所示。

图4-218	图4-219	图4-220

图4-221

提示 "摇尾巴"的动效还可以使用"操控点工具" ▣ 进行制作，详见实例文件。

16 给"LOADING..."文本图层的"文本"菜单中设置"源文本"的关键帧。在0:00:00:00处设置关键帧并将文本改为"LOADING."；在0:00:00:30处将文本改为"LOADING.."；在0:00:01:00处将文本改为"LOADING..."。然后复制这3个关键帧，将"时间指示器"移至0:00:01:30处，粘贴这3个关键帧，如图4-222所示。至此，就完成了本实例的动画制作。

图4-222

实例：制作"萌萌哒"小球的果冻动画

素材文件	素材文件>CH04>11
实例文件	实例文件>CH04>实例：制作"萌萌哒"小球的果冻动画
教学视频	实例：制作"萌萌哒"小球的果冻动画.mp4
学习目标	利用"高斯模糊"和"简单阻塞工具"效果实现"果冻"效果，使用形状图形配合极坐标来制作动画

扫码看视频

本实例是实现"萌萌哒"小球的果冻动画，动画效果如图4-223所示。步骤如下。

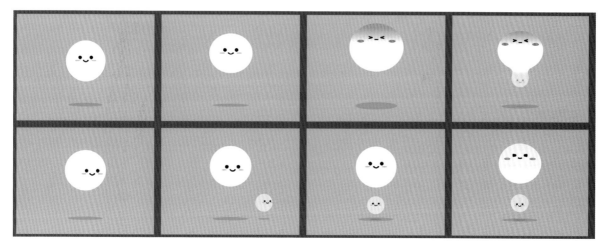

图4-223

01 新建合成，命名为"果冻效果"，其他参数设置如图4-224所示。

02 在工具栏中选择"椭圆工具" ，新建一个"大小"为110.0,130.0的椭圆，并将其置于画面偏上位置。设置颜色为#F8E71C，并将其命名为"小黄球"，效果如图4-225所示。

图4-224

图4-225

03 在"内容"和"变换"菜单中分别设置"大小"和"位置"的关键帧。在0:00:01:40处设置"大小"为110.0,130.0，"位置"为400.0,250.0；在0:00:02:10处设置"大小"为150.0,130.0，"位置"为400.0,430.0；在0:00:02:20处设置"大小"为130.0,130.0，"位置"为400.0,410.0；在0:00:02:30处设置"位置"为400.0,420.0；在0:00:02:30处设置"位置"为400.0,440.0；在0:00:03:00处设置"位置"为400.0,430.0；在0:00:03:15处设置"位置"为400.0,440.0；在0:00:03:30处设置"位置"为520.0,410.0；在0:00:03:45处设置"位置"为744.0,440.0；在0:00:04:00处设置"位置"为864.0,410.0。然后打开"图标编辑器"中的"位置"关键帧的"单独尺寸"开关，给"X位置"的所有关键帧添加"缓动"效果，如图4-226所示。这样就完成了"小黄球"下落回弹并退出画面的动画。

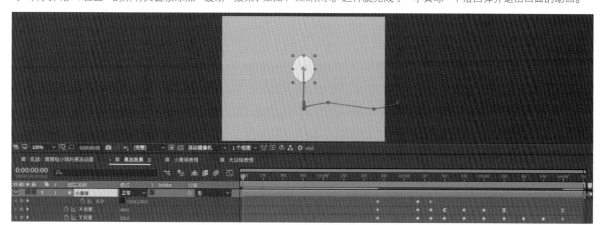

图4-226

04 同样地，在工具栏中选择"椭圆工具" ，新建一个"大小"为260.0,260.0的圆，并将其置于画面偏上位置，设置为"线性渐变"，从上到下的颜色为#FFFFFF到#FFFFFF，再将其重命名为"大白球"，如图4-227所示。

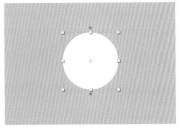

图4-227

05 设置"大白球"的关键帧，以实现"大白球"呼吸、蓄力和兴奋的动画，如图4-228所示。设置步骤如下。

设置步骤

①在0:00:00:00处设置"内容"菜单中的"大小"关键帧，将"大小"参数设置为260.0,260.0；在0:00:00:30处设置"大小"参数为280.0,250.0；在0:00:01:00处设置"大小"参数为260.0,260.0；在0:00:01:20处设置"大小"参数为290.0,250.0；在0:00:01:40处设置"大小"参数为340.0,300.0；在0:00:02:00处设置"大小"参数为290.0,240.0；在0:00:02:10处设置"大小"参数为290.0,250.0；在0:00:02:30处设置"大小"参数为260.0,260.0；在0:00:02:45处设置"大小"参数为280.0,250.0；在0:00:03:00处设置"大小"参数为260.0,260.0；在0:00:03:15处设置"大小"参数为280.0,250.0；在0:00:03:30处设置"大小"参数为260.0,260.0；在0:00:03:45处设置"大小"参数为280.0,250.0；在0:00:04:14处设置"大小"参数为260.0,260.0。

②在0:00:01:20处设置"内容"菜单中的"颜色"关键帧，将参数设置为#FFFFFF到#FFFFFF；在0:00:01:40处设置参数为#FF8282到#FFFFFF，让红色在"大白球"的上半部分；在0:00:02:00处设置相同的关键帧；在0:00:02:20处设置参数为#FFFFFF到#FFFFFF。

③在0:00:01:20处设置"变换"菜单中的"X位置"关键帧，将参数设置为400.0，在0:00:01:25处设置为396.0；在0:00:01:30处设置为402.0；在0:00:01:35处设置为412.0；在0:00:01:40处设置为400.0；在0:00:01:45处设置为402.0；在0:00:01:50处设置为400.0。

④在0:00:00:00处设置"变换"菜单中的"Y位置"关键帧，将参数设置为264.0；在0:00:00:30处设置为217.0；在0:00:01:00处设置为244.0；在0:00:01:20处设置为190.0；在0:00:01:50处设置为180.0；在0:00:02:00处设置为200.0；在0:00:02:10处设置为190.0；在0:00:02:30处设置为200.0；在0:00:02:45处设置为188.0；在0:00:03:00处设置为217.0；在0:00:03:15处设置为188.0；在0:00:03:30处设置为217.0；在0:00:03:45处设置为207.0；在0:00:04:14处设置为264.0。然后给"Y位置"的所有关键帧添加"缓动"效果。

图4-228

06 在时间轴面板中单击鼠标右键，在弹出的快捷菜单中执行"新建>调整图层"命令，将新建的调整图层置于"大白球"和"小黄球"图层的上方。在"效果和预设"面板中找到"模糊和锐化>高斯模糊"，以及"遮罩>简单阻塞工具"，并将它们都拖曳到"调整图层"上，参数设置如图4-229所示。这样就实现了"果冻"效果，也可以根据实际情况来调整"高斯模糊"的"模糊度"和"简单阻塞工具"的"阻塞遮罩"。"模糊度"值越高形状边缘越虚化，"黏稠度"也越高，如图4-230所示；"阻塞遮罩"值越高形状边缘越清晰，"黏稠度"也越高，如图4-231所示。

图4-229

图4-230

图4-231

07 为小球加上"萌萌哒"表情。新建合成，命名为"小黄球表情"，其他参数设置如图4-232所示。

08 在工具栏中选择"椭圆工具" ⬭ 和"圆角矩形工具" ▭，分别绘制"小黄球"两边的"腮红""眼睛""嘴巴"，也可以根据自己喜好来绘制表情，或参考实例文件来制作，如图4-233所示。

09 在"效果和预设"面板中找到"扭曲>极坐标"，并将"极坐标"拖曳到"嘴巴"图层上，设置"插值"参数为73%，"转换类型"为"矩形到极线"，效果如图4-234所示。

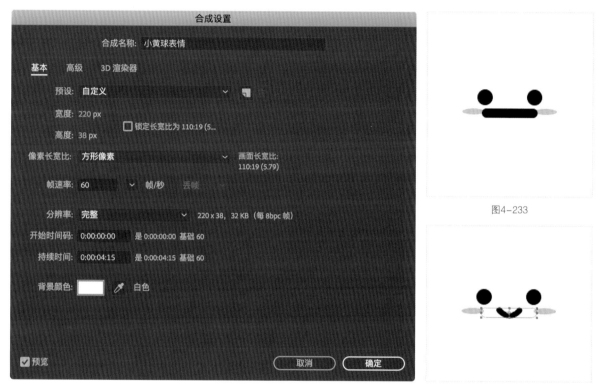

图4-232

图4-233

图4-234

10 复制"小黄球表情"合成，并重命名为"大白球表情"。打开"大白球表情"合成，制作"大白球"闭紧眼睛的动画，如图4-235所示。

设置步骤

①在0:00:01:00处设置"内容"菜单中的"大小"关键帧，将"大小"参数设置为20.0,20.0；在0:00:01:20处设置为24.0,6.0；在0:00:02:10处设置同样的关键帧；在0:00:02:30处设置为20.0,20.0。

②在0:00:01:00处设置"变换"菜单中的"位置"关键帧，将"位置"参数设置为77.0,10.0；在0:00:01:20处设置为77.0,12.0；在0:00:02:10处设置同样的关键帧；在0:00:02:30处设置为77.0,10.0。

③在0:00:01:00处设置"变换"菜单中的"旋转"关键帧，将"旋转"参数设置为0x+0.0°；在0:00:01:20处设置为0x-15.0°；在0:00:02:10处设置同样的关键帧；在0:00:02:30处设置为0x+0.0°。

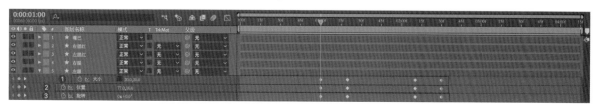

图4-235

11 将"左眼"图层重命名为"左眼下睫毛"，再复制"左眼下睫毛"图层，重命名为"左眼上睫毛"。接着把"当前时间指示器"移至0:00:01:20处，将"左眼上睫毛"的"旋转"参数设置为0x+15.0°；在0:00:02:10处也将"左眼上睫毛"的"旋转"参数设置为0x+15.0°，如图4-236所示。

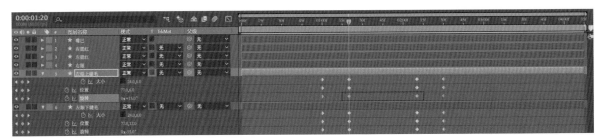

图4-236

12 按照上述步骤，制作紧闭"右眼"的动画，最终效果如图4-237所示。

13 设置"左腮红"的关键帧，如图4-238所示。

设置步骤

①在0:00:01:00处设置"内容"菜单中的"大小"关键帧，将"大小"参数设置为30.0,8.0；在0:00:01:20处设置为40.0,16.0；在0:00:02:10处设置同样的关键帧；在0:00:02:30处设置为30.0,8.0。

②在0:00:01:00处设置"变换"菜单中的"位置"关键帧，将参数设置为62.0,28.0；在0:00:01:20处设置为20.0,30.0；在0:00:02:10处设置同样的关键帧；在0:00:02:30处设置为62.0,28.0。

③在0:00:01:00处设置"变换"菜单中的"不透明度"关键帧，将参数设置为30%；在0:00:01:20处设置为60%；在0:00:02:10处设置同样的关键帧；在0:00:02:30处设置为30%。

图4-237

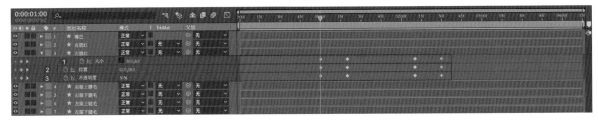

图4-238

14 按照步骤13对"右腮红"设置关键帧，但要注意位移的方向是相反的，最终效果如图4-239所示。

15 设置"嘴巴"的关键帧，如图4-240所示，实现从"微笑"转变为"紧闭"再转变到"微笑"的动画。

设置步骤

①在0:00:01:00处设置"内容"菜单中的"大小"关键帧，将"大小"参数设置为74.0,12.0；在0:00:01:20处设置为22.0,6.0；在0:00:02:10处设置同样的关键帧；在0:00:02:30处设置为74.0,12.0。

②在0:00:01:00处设置"效果>极坐标"菜单中的"插值"关键帧，将参数设置为73.0%；在0:00:01:20处设置为0.0%；在0:00:02:10处设置同样的关键帧；在0:00:02:30处设置为73.0%。

③在0:00:01:00处设置"变换"菜单中的"位置"关键帧，将参数设置为110.0,30.0；在0:00:01:20处设置为110.0,20.0；在0:00:02:10处设置同样的关键帧；在0:00:02:30处设置为110.0,30.0。

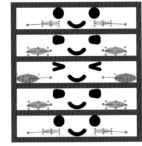

图4-239

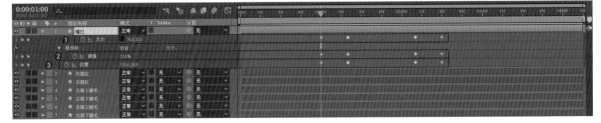

图4-240

16 打开"果冻效果"合成，将"小黄球表情"和"大白球表情"合成拖曳到时间轴面板中，并将其置于"调整图层1"上方，如图4-241所示。将"小黄球表情"合成移至"小黄球"图层偏下的位置，如图4-242所示。将"大白球表情"合成移至"大白球"图层偏上的位置，如图4-243所示。

图4-241   图4-242   图4-243

17 将"小黄球表情"合成设置为"小黄球"图层的子级图层，接着设置"小黄球表情"合成的关键帧，如图4-244所示。

设置步骤

①在0:00:02:10处设置"变换"菜单中的"位置"关键帧，将参数设置为0.0,16.0；在0:00:02:30设置为0.0,-5.0，在0:00:03:15处设置同样的关键帧；在0:00:03:30处设置为20.0,-5.0，并给所有关键帧添加"缓动"效果。

②在0:00:01:40处设置"变换"菜单中的"不透明度"关键帧，将"不透明度"参数设置为0%；在0:00:02:10处设置为100%。

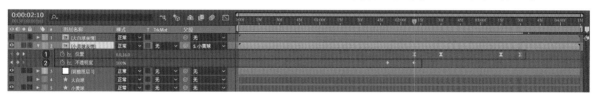

图4-244

18 将"大白球表情"合成设置为"大白球"图层的子级图层，接着设置"大白球表情"合成的关键帧。在0:00:01:00处设置"变换"菜单中的"位置"关键帧，将参数设置为0.0,-132.0；在0:00:01:20处和0:00:02:10处设置为0.0,-168.0；在0:00:02:30处和0:00:03:15处设置为0.0,-132.0；在0:00:03:30处设置为10.0,-110.0；在0:00:04:00处设置为40.0,-110.0；在0:00:04:14处设置为0.0,-132.0。最后给所有关键帧添加"缓动"效果，如图4-245所示。

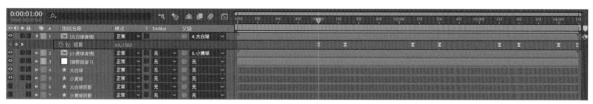

图4-245

19 给小球添加"阴影"。使用"椭圆工具" 在"果冻效果"合成画面偏下位置绘制两个半透明的黑色椭圆，如图4-246所示。

20 根据小球的"呼吸"和"运动"调整阴影的"大小"和"位置"，如图4-247所示，具体可参考实例文件。

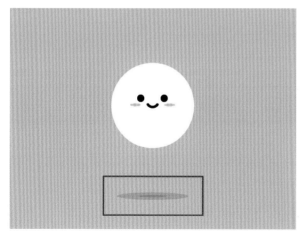

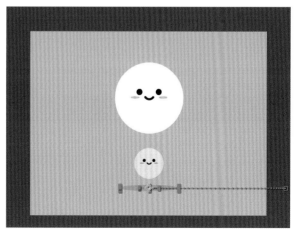

图4-246   图4-247

21 新建合成，命名为"实例：萌萌哒小球的果冻动画"，其他参数设置如图4-248所示。将"果冻效果"合成拖曳到时间轴面板中，双击"矩形工具"按钮█，快速创建与画布尺寸相同的形状图层。修改"填充颜色"为#F5A600，作为整个动画的背景色，如图4-249所示。至此，就完成了本实例的动画制作。

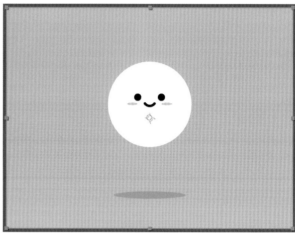

图4-248　　　　　　　　　　　　　　　　图4-249

实例：制作夜空中飞入云层的飞机

素材文件	素材文件>CH04>12
实例文件	实例文件>CH04>实例：制作夜空中飞入云层的飞机
教学视频	教学视频>CH04>实例：制作夜空中飞入云层的飞机
学习目标	掌握预合成和"高斯模糊"效果的制作方法

扫码看视频

本实例是实现夜空中飞入云层的飞机的插画动效，效果如图4-250所示。

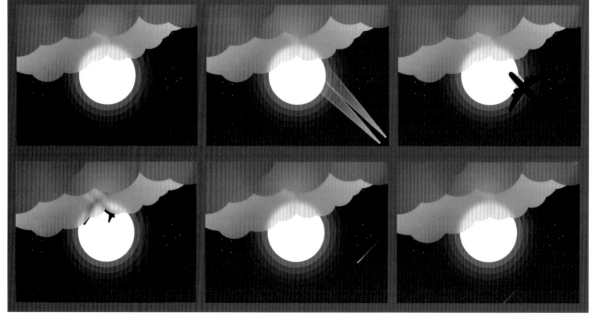

图4-250

01 在"项目"面板上单击鼠标右键，在弹出的快捷菜单中执行"导入>多个文件"命令，如图4-251所示，将准备好的素材一次性导入；拖曳"背景.png"移至"项目"面板下方"新建合成"的按钮▦上，快速创建新合成，如图4-252所示；在菜单栏中执行"合成>合成设置"命令，将该合成重命名为"实例：夜空中飞入云层的飞机"，其他参数设置如图4-253所示。

图4-251　　　　　　　　　　图4-252　　　　　　　　　　　　　　　　图4-253

02 将其他的素材都拖曳到时间轴面板中，将素材按顺序进行排列，如图4-254所示。

03 将"云层-1.png"移至合成的左上角；将"云层-2.png"和"云层-2-遮罩.png"的"位置"参数设置为159.0,137.0，"云层-3.png"和"云层-3-遮罩.png"的"位置"设置为546.0,70.0；最后将"飞机.png"的"锚点""位置"设置为0.0,0.0,"位置"设置为800.0,600.0，效果如图4-255所示。

> **提示** 在"对齐"面板中，把"将图层对齐到"设置为"合成"，接着选择一个图层，再根据需要单击"对齐"按钮，可以快速准确地相对于合成来移动图层。

图4-254　　　　　　　　　　　　　图4-255

04 把步骤03中提到的图层进行预合成，命名为"云层和飞机"，其他设置如图4-256所示。

05 打开"云层和飞机"合成，设置"云层-2.png"的关键帧，实现飞机冲入云层后，云层的动画效果，如图4-257所示。

设置步骤

①在0:00:01:30处设置"变换"菜单中的"缩放"关键帧，将参数设置为100.0%,100.0%；在0:00:01:40处设置为95.0%,95.0%；在0:00:01:52处设置为110.0%,110.0%；在0:00:02:08处设置为100.0%,100.0%，在0:00:02:30处设置为110.0%,110.0%；在0:00:03:08处设置为100.0%,100.0%。

②在0:00:01:52处设置"变换"菜单中的"旋转"关键帧，将参数设置为0x+0.0°；在0:00:02:08处设置为0x+3.0°；在0:00:02:30处设置为0x+0.0°。

图4-256

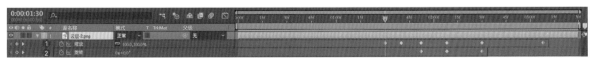

图4-257

06 将步骤05的所有关键帧进行复制，并在0:00:01:30处粘贴到"云层-2-遮罩.png"的时间轴上，如图4-258所示。

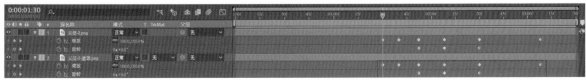

图4-258

07 设置"云层-3.png"的关键帧,如图4-259所示。

设置步骤

①在0:00:01:30处设置"变换"菜单中的"缩放"关键帧,将参数设置为100.0%,100.0%;在0:00:01:40处设置为95%.0,95.0%;在0:00:01:52处设置为105.0%,105.0%;在0:00:02:08处设置为100.0%,100.0%,在0:00:02:30处设置为105.0%,105.0%;在0:00:03:08处设置为100.0%,100.0%。

②在0:00:01:30处设置"变换"菜单中的"旋转"关键帧,将参数设置为0x+0.0°;在0:00:01:40处设置为0x+5.0°;在0:00:01:52处设置为0x+0.0°。

图4-259

08 将步骤07的所有关键帧进行复制,并在0:00:01:30处粘贴到"云层-3-遮罩.png"的时间轴上,如图4-260所示。

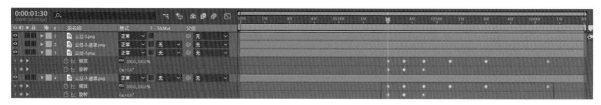

图4-260

09 打开"云层和飞机"合成,在"飞机"图层的"变换"菜单中找到"位置",接着在0:00:00:00处设置关键帧;在0:00:03:00处设置为-300.0,-500.0,如图4-261所示,实现飞机在夜空中掠过的效果。

10 制作云层的"高斯模糊"效果。将"背景.png"拖曳到"云层和飞机"合成的时间轴面板中,然后再复制出一个"飞机"图层,如图4-262所示,按顺序进行排列。

图4-261

图4-262

11 将"飞机"图层和"背景"图层进行预合成,在菜单栏中执行"效果>模糊和锐化>高斯模糊"命令,在"效果控件"面板中对"高斯模糊"效果进行设置,如图4-263所示。复制出一个该预合成,按图4-264所示的图层顺序进行排列。

图4-263

图4-264

12 在第1个"飞机和背景"合成图层的遮罩轨道中选择"Alpha遮罩到'云层-2-遮罩.png'",如图4-265所示;在第2个"飞机和背景"合成图层的遮罩轨道中选择"Alpha遮罩到'云层-3-遮罩.png'",如图4-266所示。

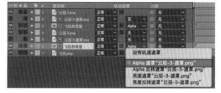

图4-265

图4-266

13 在"流星"图层的"变换"菜单中设置"位置"的关键帧,如图4-267所示。在0:00:01:50处设置为812.0,304.0,在0:00:02:50处设置为312.0,740.0,实现流星从夜空中划过的效果。这样就完成了本实例的动画制作。

图4-267

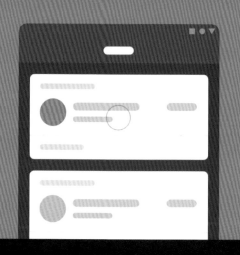

第5章 常用的动效制作脚本

■ 学习目的

　　脚本，也称"插件"或"扩展"，其作用是告知 After Effects 执行某些操作的命令。通过使用脚本来自动执行重复性任务或复杂计算，使强大的 After Effects 如虎添翼，由此可减少设计师的工作量，提升工作效率。脚本的制作使用 Adobe 公司所定制的 JavaScript 的扩展形式——ExtendScript 语言，其文件的扩展名通常是 .jsx 或 .jsxbin。

　　本章将针对 4 款在动效制作中常用的脚本进行讲解，使读者在日常工作中更有效率地完成设计，让读者的设计作品更有品质。

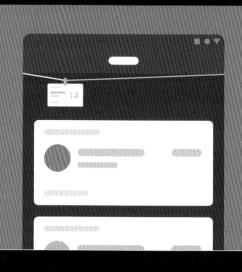

5.1 导出Lottie动画的扩展脚本——Bodymovin

第2章介绍了使用After Effects的渲染队列和Adobe Media Encoder导出动画的方法。本节给读者介绍另一种导出动画的方法，即通过After Effects扩展脚本Bodymovin导出动画。该方法可将在After Effects上做好的动效导出为JSON文件，并直接在Android、iOS、Windows等系统，以及Web上进行渲染播放。Bodymovin不仅体积小、复用率高、完全由设计师进行操控，而且在程序中易于调用和修改循环播放、播放速度、尺寸调和、颜色等参数。

5.1.1 Lottie概述

Lottie是由Airbnb开源的一套跨平台且适用于Android、iOS、Windows等系统，以及Web的动画效果解决方案，设计师使用After Effects设计出动效后，配合调用由Bodymovin导出的JSON文件，就可以在程序和网页上直接调用动效，其工作流程如图5-1所示。

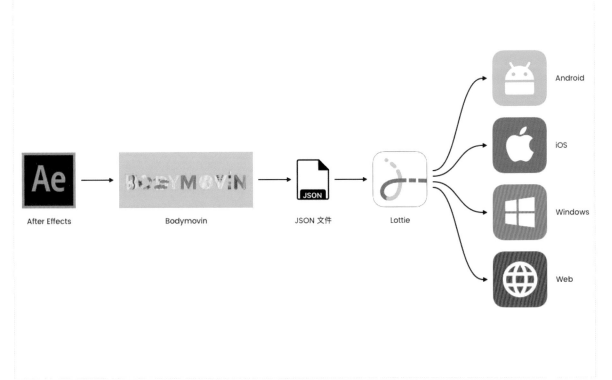

图5-1

手动制作Android或iOS的原生动画，会在设计和开发上耗费大量的时间和精力，因为大多数动画制作是十分困难的，而使用Lottie只需要设计师在After Effects上进行动效设计，导出JSON文件后即可立即调用，由此大大节省时间。在程序和网页上使用GIF图是非常常见的，但相同的动画中，GIF图的大小通常是JSON文件的两倍以上，而且GIF图的尺寸大小是固定的，不支持控制播放模式、播放速度和修改颜色等。常见的还有使用PNG序列方式播放动效，但其文件所占空间更大，通常是JSON文件的30~50倍，且不支持缩放和控制等操作。

因此Lottie的优势显而易见，由于Lottie是一个开源项目，其健壮性、适用性和可操作性正逐步完善。使用Lottie可以提升制作动效的速度，提高程序开发的效率。

5.1.2 Bodymovin的安装与相关设置

获取最新版Bodymovin的第1种方法： 前往官网复制项目到本地或者下载压缩安装包，找到位于"项目/build/extension/"目录下的插件包bodymovin.zxp，如图5-2所示。

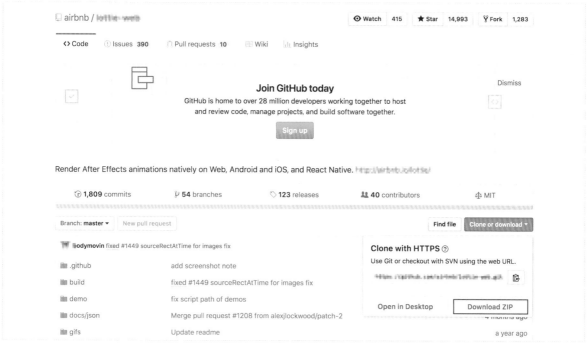

图5-2

获取最新版Bodymovin的第2种方法： 前往官网，单击"ADD TO CART"按钮将Bodymovin添加到购物车；然后单击网页右上角的"购物车"按钮 进入结算页面，如图5-3所示；再单击"PROCEED TO CHECKOUT" 按钮进行结算，如图5-4所示；最后进行注册登录并填写一些简单的用户信息，扩展的下载链接将会发送到注册邮箱中，如图5-5所示。

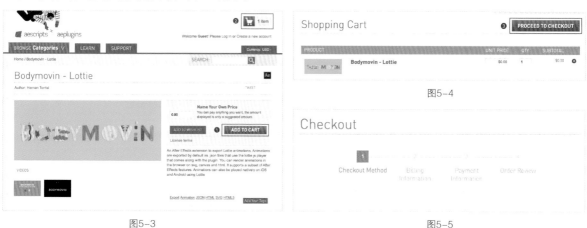

图5-3

图5-4

图5-5

> **提示** 在"实例文件>CH05>bodymovin_v5.6.6.zip"中找到安装包，解压后即可获取扩展相关文件。

安装ZXP Installer： 安装成功后打开软件，软件界面如图5-6所示，此时直接将bodymovin.zxp文件拖入软件窗口中，以完成插件安装，安装后如图5-7所示。

图5-6　　　　　　　　　　　　　　　　　　　　　　　　图5-7

打开After Effects，执行"编辑>首选项>常规"命令，在"首选项"对话框中勾选"允许脚本写入文件和访问网络"复选框，如图5-8所示。

执行"窗口>扩展>Bodymovin"命令，如图5-9所示，即可打开"Bodymovin"插件面板，如图5-10所示。

图5-8

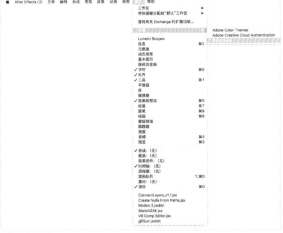

图5-9

图5-10

> **提示** 读者还可以获取相应的最新版本，也可在"实例文件>CH05"中获取bodymovin566cn.zxp扩展压缩包，如图5-11所示。

图5-11

5.1.3 Bodymovin的使用方法

接下来将介绍Bodymovin的使用方法，步骤如下。

01 完成Bodymovin的安装与相关设置，如图5-12所示。

设置步骤

①Bodymovin能自动获取当前工程文件中的所有合成，选择需要导出的合成。

②设置文件导出的路径。

③单击面板左上角的"Render"（渲染动画）按钮 render，待进度条充满即完成JSON文件的导出。

02 在导出JSON文件前可打开或关闭一些设定，单击对应合成的"Setting"（设置）按钮，如图5-13所示。打开设置窗口后，根据需要打开或关闭选项，如图5-14所示，推荐读者使用图中的设定方案。

图5-12

图5-13

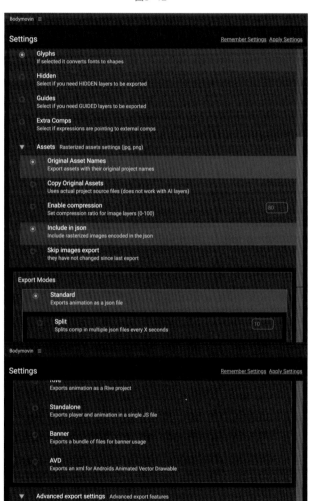

图5-14

提示 如果经常使用同一套设定方案，可以在"设置"窗口的右上角单击"保存设定"文字，如图5-15所示。之后在"Bodymovin"插件面板中单击"将保存的设置应用到所选合成"文字，如图5-16所示，即可快速批量地完成设置。

图5-15

图5-16

03 Bodymovin还提供了预览JSON文件的功能，单击面板左上角的"Preview"（预览）按钮，进入预览窗口，如图5-17所示。单击"浏览JSON动画文件"按钮或"预览当前渲染的文件"按钮载入JSON文件，即可在下方窗口预览动画效果了。

图5-17

5.2 形状融合脚本——Shape Fusion

在第4章的"实例:制作'萌萌哒'小球的果冻动画"中介绍了使用"高斯模糊"和"简单阻塞工具"来实现形状图层的融合效果的方法,如图5-18所示。本节将介绍另外一种方法——通过PB zz制作的Shape Fusion脚本,经过简单设置,即可快速实现形状融合效果。

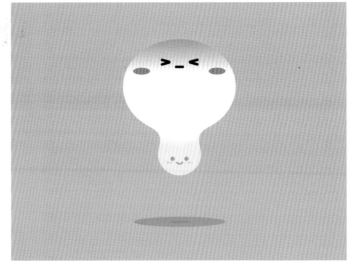

图5-18

5.2.1 Shape Fusion的安装

01 在"实例文件>CH05"中可获取Shape Fusion1.2.jsxbin脚本,将该脚本复制到After Effects安装目录的"Scripts>ScriptUI Panels"文件夹中,如图5-19所示。

02 打开After Effects,在菜单栏中执行"编辑>首选项>常规"命令,勾选"允许脚本写入文件和访问网络"复选框,如图5-20所示。

图5-19

图5-20

03 在菜单栏中执行"窗口>Shape Fusion1.2.jsxbin"命令,打开"Shape Fusion1.2"插件面板,如图5-21所示。

图5-21

5.2.2 Shape Fusion的使用方法

01 在合成中使用形状工具或"钢笔工具" 新建一个形状图层，在该形状图层中绘制两个或两个以上的形状，如图5-22所示。

02 选择该形状图层，单击"Shape Fusion"插件面板中的"融合形状"按钮 融合形状 ，如图5-23所示，生成一个空对象图层，并且在原有的形状图层中多出了"合并路径""位移路径"等内容项。选择空对象图层后可在"效果控件"面板中看到"融合程度"和"颜色"参数，如图5-24所示。

图5-23

图5-24

图5-22

提示 如果在融合形状时，形状的重叠部分出现孔洞，如图5-25所示，读者可以检查"形状图层"的"内容"菜单中"合并路径"项，如图5-26所示，根据需要选择相应的"模式"。

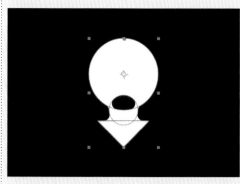

图5-25

图5-26

03 "融合程度"的值可根据需要进行调整，值越大，融合的范围越多。当值为10时，效果如图5-27所示；当值为40时，效果如图5-28所示；当值为负时，则会出现"坍缩"的效果，如图5-29所示。

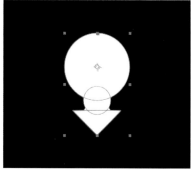

图5-27

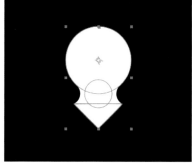

图5-28

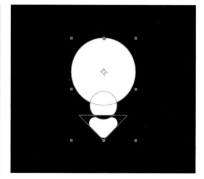

图5-29

04 选择该形状图层，先勾选"描边"复选框，如图5-30所示，再单击"Shape Fusion"插件面板中的"融合形状"按钮 `融合形状` ，此时会自动生成一个空对象图层，并且在原有的形状图层中会多出"合并路径""位移路径"等内容项。单击空对象图层可在"效果控件"面板中看到"融合程度""颜色""描边宽度"参数，如图5-31所示。

提示 该脚本仅适用于形状图层，对其他类型的图层不适用。应当注意的是，自动生成的空对象图层与形状图层是一一对应的关系，建议将这两个图层进行预合成，以防出现误删或图层混乱的情况。

图5-30　　　　　图5-31

5.3 图形动画脚本——Motion 2

Motion 2是由MT.MOGRAPH制作的一套脚本工具，界面如图5-32所示，Motion 2丰富的功能大大节省了制作动效的时间，下面将对Motion 2中的每个工具逐一介绍。

图5-32

5.3.1 快速调整中心点或速率曲线

在"Motion 2"插件面板上，单击"火箭"按钮 和"船舶"按钮 ，即可切换"中心点工具"与"速率曲线工具"，如图5-33所示。

"中心点工具"的使用方法：选择任一图层，单击图5-34所示的9个方块中的任意一个，即可快速调整该图层相对应的中心点位置，效果如图5-35所示。

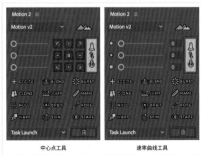

中心点工具　　　　速率曲线工具

图5-33　　　　　　　　图5-34

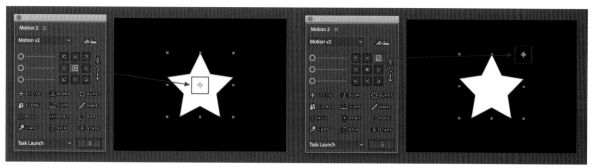

图5-35

"速率曲线工具"的使用方法: 选择图层中需要调整速率的关键帧,拖曳滑动条的滑块以调整速度曲线;3个滑动条从上到下分别表示由慢到快、渐快到渐慢、由快到慢,如图5-36所示;滑块越往右,速率变化越明显,如图5-37所示。

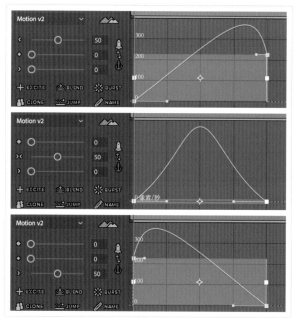

图5-36

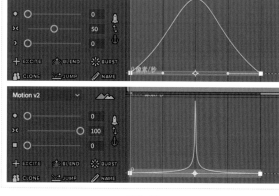

图5-37

5.3.2 快速实现动效的操作工具

下面介绍可以快速制作动效的操作工具,请读者熟悉并合理地使用它们。

EXCITE(回弹抖动) ➕EXCITE: 选取图层"位移"前后的两个关键帧,单击EXCITE按钮,即可实现回弹抖动的动效。在效果控件面板中可以调整"回弹力度""回弹次数"等参数。

> **提示** 使用EXCITE脚本时,应确保所选关键帧没有添加任何"缓动"效果。

BLEND(动态缓和) ☘BLEND: 选择图层关键帧,单击"BLEND"按钮,即可对所选关键帧的参数进行平均化处理,使得动态效果缓和;在"效果控件"面板中可以调整"平滑程度""混合程度"等参数。

BURST(爆炸) ✳BURST: 单击"BURST"按钮,在合成中会自动新建一个形状;在"效果控件"面板中可以调整形状的"粗细""长短""与中心点距离""颜色"等参数,根据需要实现爆炸动效。

CLONE(克隆) 🔂CLONE: 以往在选择两个或两个以上图层的关键帧进行复制和粘贴时,这些图层会自动变成新的复制图层，没法粘贴所选关键帧，因此需要针对每个图层逐一进行复制、粘贴；在选择关键帧后单击"CLONE"按钮 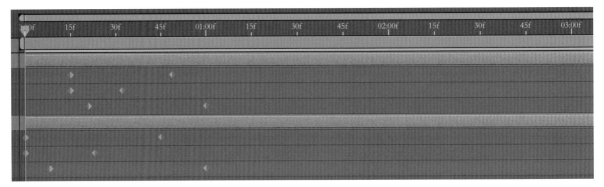，如图5-38所示，将"当前时间指示器"移至指定的时间点，再单击"CLONE"按钮，就可以轻松对不同图层的关键帧进行复制和粘贴了，如图5-39所示。

图5-38

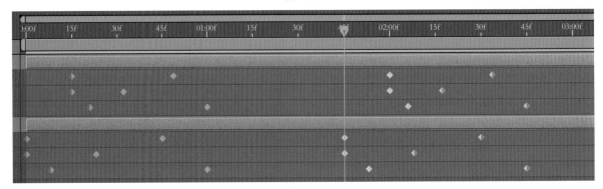

图5-39

JUMP（弹跳）：单击"JUMP"按钮 即可完成自由落体与反弹的动效，与"EXCITE"不同的是，用"JUMP"实现的弹跳的物体在到达指定位置时会立即产生反弹效果；在"效果控件"面板中可以调整"反弹高度""反弹次数"等参数。

> **提示** 使用"JUMP"脚本时，应确保所选关键帧没有添加任何"缓动"效果。

NAME（命名）：用于批量修改图层命名的脚本；选择需重命名的图层，单击"NAME"按钮 进入"重命名"面板，输入新名称后，单击"RENAME"按钮即可重新命名。

NULL（关联图层）：单击"NULL"按钮 即可将所选图层关联到一个自动生成的空对象图层上，可在不改变所选图层的关键帧的基础上，对所选图层的"位置""旋转"等参数进行统一调整。

ORBIT（公转轨道）：选择需要公转的图层，单击"ORBIT"按钮 后，在"效果控件"面板中可以设置"目标图层""公转速度"等参数。

ROPE（绳索连接）：选择两个图层，单击"ROPE"按钮 后会自动生成一个调整图层，且会有一条"绳索"连接两个图层；在"效果控件"面板中可以设置"绳索"的"粗细""连接程度""颜色"等参数。

> **提示** 使用"ROPE"脚本时，自动生成的调整图层会默认位于图层列表的最底层，因此需要注意其是否会被其他图层遮挡而影响效果。

WARP（拖尾效果）：选择有"位移"动效的形状图层，单击"WARP"按钮 就可以产生"拖尾"效果；在"效果控件"面板中可以设置"残影时间""强度""柔和度"等参数。

SPIN（自转）：选择任一图层，单击"SPIN"按钮 就可以让图层以自己的中心点为轴进行自转。

STARE（注视） ：选择图层，单击"STARE"按钮 设定该图层为"注视"图层；在"效果控件"面板中可以设置"被注视"图层和"注视"的方向，"注视"跟踪的目标是"被注视"图层。

删除表达式 ：选择不需要的包含表达式的参数，单击"垃圾桶"按钮 就能直接删除相关参数。

5.3.3 其他脚本菜单

打开Motion v2选项菜单即可查看其他选项，如图5-40所示。

Preferences： 可以设置Motion 2自动生成空对象的尺寸，以及自动归类时文件夹的名称等，如图5-41所示。

About： 包含前往官网、使用教学视频、反馈和更新脚本等功能，如图5-42所示。

打开"Task Launch"下拉列表即可查看其他选项，如图5-43所示。

图5-40

图5-41

图5-42

图5-43

Vignette和Color Rig： 快速为素材添加亮度对比、暗角和调色。

Pin+： 将"操控点工具"锚点自动转换为空对象，由此能够移动整个素材，避免移动时素材出现孔洞的问题。

Sort： 能将"项目"面板中的素材进行自动归类，并将其添加至相应的文件夹中。

5.4 模拟触控点脚本——Touch Point Pro

Touch Point Pro是After Effects脚本，用于添加触控点和各种单击、拖曳效果，适用于App操作演示，界面如图5-44所示。

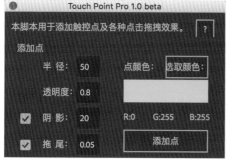

图5-44

5.4.1 Touch Point Pro的安装

01 前往官网，获取最新版的Touch Point Pro，复制项目到本地或者下载压缩安装包，解压后在解压目录下找到Touch Point Pro.jsx文件。

> **提示** 读者可在"实例文件>CH05>TouchPoint Pro.jsx"中获取该脚本。

02 将脚本复制到After Effects安装目录的Scripts文件夹中，然后在菜单栏中执行"文件>脚本>运行脚本文件"命令，如图5-45所示，选择Touch Point Pro.jsx文件，如图5-45所示。

03 在菜单栏中执行"文件>脚本>Touch Point Pro.jsx"命令，显示"Touch Point Pro"插件面板，则说明安装成功。

图5-45

5.4.2 Touch Point Pro的使用方法

01 在"Touch Point Pro"插件面板中，先设定触控点外观，可调整"点颜色""半径""透明度""阴影""拖尾"等参数，如图5-46所示。设定完成之后单击"添加点"按钮 ，在合成中会自动生成"触控点"图层，效果如图5-47所示。

02 选择"触控点"图层，可在"效果控件"面板中重新调整参数，如图5-48所示。

图5-46

图5-47

图5-48

03 选择"触控点"图层后，单击面板中的"单击""双击""长按-按下""长按-松开"按钮，如图5-49所示，即可随着"当前时间指示器"移动的位置，在"触控点"图层中添加对应的动作，并自动生成标记，如图5-50所示。

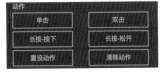

图5-49

图5-50

04 如果需要修改动作的触发时间，可直接拖曳标记，并单击面板中"重设动作"按钮 ，即修改成功，如图5-51所示。单击"清除动作"按钮，即可清除"触控点"图层的所有动作和标记。

05 选择被单击图层，单击"涟漪效果（beta）"按钮，如图5-52所示，可快速给选择图层添加"涟漪"效果，但截至目前该功能仍处于测试阶段，因而可能会出现添加失败的情况。

图5-51

图5-52

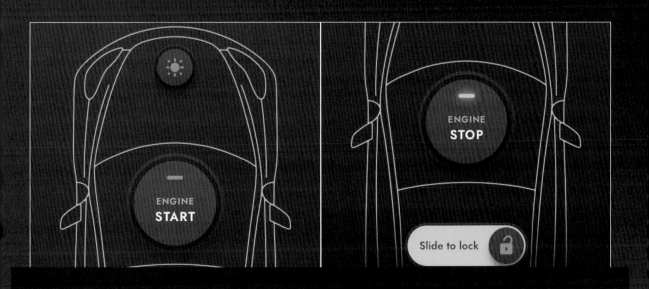

第 6 章 电动车助手App动效实现

■ 学习目的

　　本章对综合案例进行讲解，目的是实现"电动车助手 App"的主要动效，同时学习复杂嵌套的使用和一些简单的剪辑。除此之外，最重要的是在实际学习和工作中能够举一反三，在对整个动效有一个基本的制作思路后，再进一步完成动效制作。

6.1 设计介绍

素材文件　无
实例文件　实例文件>CH06>综合案例：电动车助手App动效实现
教学视频　教学视频>CH06>综合案例：电动车助手App动效实现
学习目标　使用切图、形状图层和合成等素材，结合图层效果与时间冻结等操作，进行动效制作

扫码看视频

　　本章主要制作电动汽车状态查询App的UI动效。该动效主要包含两个效果——"车辆状态"和"车辆控制"。前者是预览与汽车相关的各种信息，例如汽车状况、用电情况和天气情况等；后者是控制汽车后查看车辆详细参数。动效连图展示如图6-1所示。

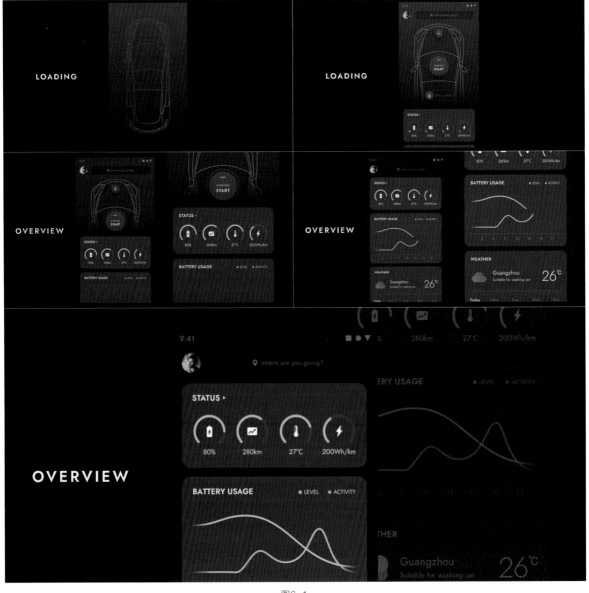

图6-1

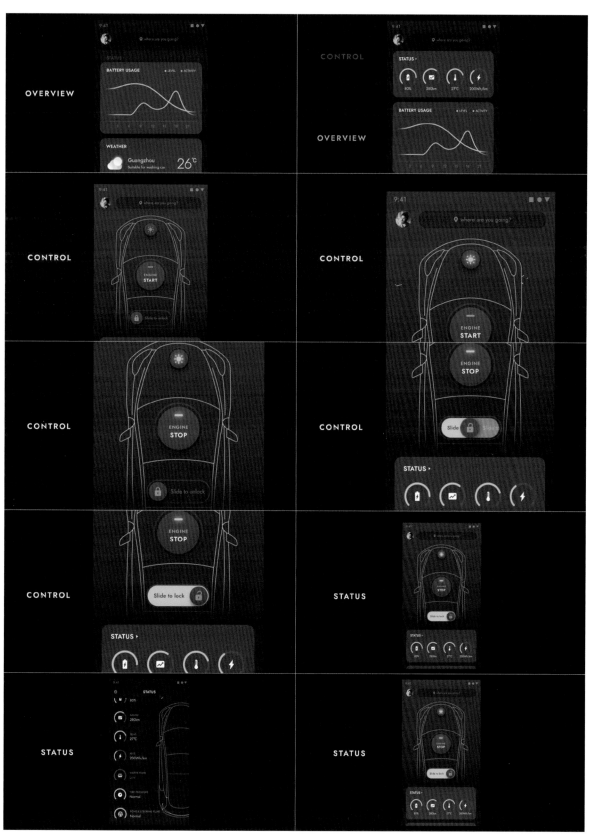

图6-1（续）

　　UI动效是在UI设计的基础上进行二次创作，也就是要制作UI动效，必须在App的UI设计效果基础上进行。本章的设计源文件可以在文件夹"实例文件>CH06>综合案例：电动车助手App动效实现>素材"中获取。读者可以思索如何将源文件一步步转化为动效成品。UI设计的效果如图6-2所示。

图6-2

本章的重点是学习动效制作综合案例，为了方便读者学习，这里将与动效制作相关的切图素材全部导出，并按功能分类存放在文件夹"实例文件>CH06>综合案例：电动车助手App动效实现>素材>切图"中，如图6-3所示。如果遇到字体缺失的情况，请先安装"素材"文件夹中的"字体包"中的字体文件。

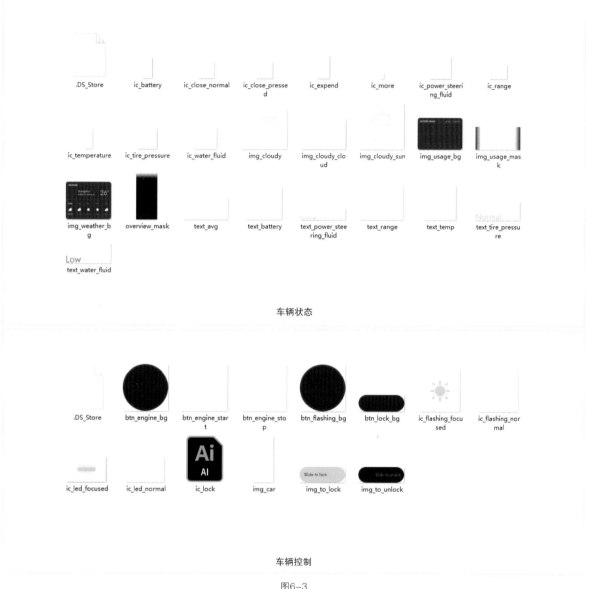

车辆状态

车辆控制

图6-3

6.2 制作车辆状态的展示动效

"车辆状态"展示的是车辆在未操控状态下的信息，例如汽车状况、用电情况、天气情况等。本节主要实现这一部分的展示动效，如图6-4所示。

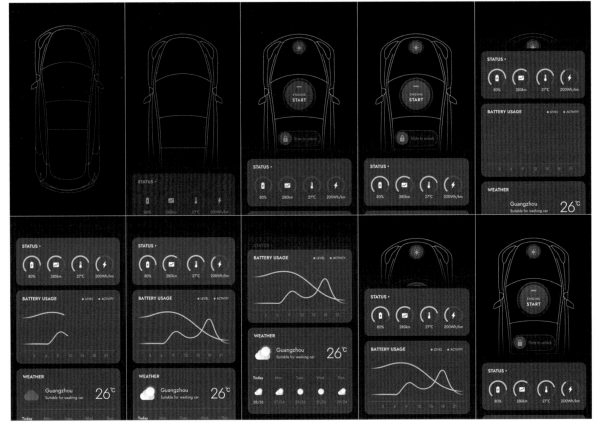

图6-4

6.2.1 车辆状态的卡片样式

01 在"项目"面板中单击鼠标右键，在弹出的快捷菜单中执行"导入>多个文件"命令，然后将"实例文件>CH06>综合案例：电动车助手App动效实现>素材>切图"中的"车辆状态"和"车辆控制"文件夹中的素材导入，并创建"车辆控制"和"车辆状态"文件夹对素材进行归类，如图6-5所示。

02 按快捷键Ctrl+N新建一个合成，将其命名为"card_status"，具体参数设置如图6-6所示。

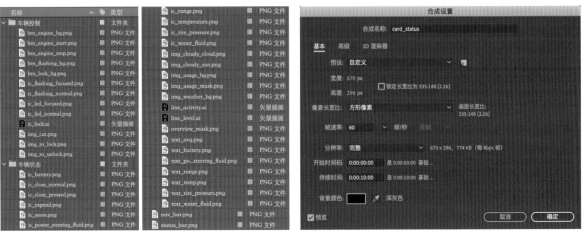

图6-5   图6-6

03 在工具栏中双击"圆角矩形工具"按钮■，快速创建与合成尺寸大小一样的圆角矩形，并在该形状图层的"内容"中设置"圆度"为32.0，接着将其重命名为"status_bg"，如图6-7所示。

04 选择该形状图层，在"字符"面板中设置图层的填充颜色为#363636。在菜单栏中执行"图层>图层样式>描边"命令，为图层添加一个"描边"的"图层样式"，具体参数设置如图6-8所示。

图6-7

图6-8

05 在工具栏中选择"横排文字工具"Ｔ，在合成界面的左上角输入"STATUS"，然后将素材ic_more.png导入，并将其放置在"STATUS"文本图层的右侧，如图6-9所示。

> **提示** 读者可以打开源文件查看文本图层的字体，也可以根据需求自行选择字体。

图6-9

6.2.2 车辆状态的仪表盘

01 新建合成，命名为"gauge_battery"，具体参数设置如图6-10所示，此合成用于制作车辆状态的仪表盘样式。

图6-10

02 选择 "椭圆工具" ，在合成 "gauge_battery" 的中间新建一个大小为108.0,108.0的圆形，具体参数设置如图6-11~图6-13所示。

设置步骤

①在该形状图层的 "内容" 菜单中执行 "添加>描边" 命令，添加2个 "描边"，一共会有3个 "描边"。

②从下往上依次设置 "描边" 的参数，颜色依次为#FFFFFF、#000000、#464646。

③在 "内容" 菜单中执行 "添加>修剪路径" 命令，设置相关参数。

图6-11

图6-12

图6-13

03 按照步骤02的方法，再次新建一个大小为108.0,108.0的圆形，并为其添加 "描边" 和 "修剪路径"，具体参数设置如图6-14和图6-15所示，效果如图6-16所示。

设置步骤

①在0:00:00:30处设置 "修剪路径1" 中的 "结束" 关键帧，将参数设置为13.0%。

②在0:00:00:54处设置 "修剪路径1" 中的 "结束" 关键帧，将参数设置为75.0%。

③将素材ic_battery.png放置到合成的中间位置。

图6-14

图6-15

图6-16

04 在"项目"面板中复制出另外7个"gauge_battery"合成，并重命名这些合成，分别用于展示车辆各种状态的仪表盘，如图6-17所示。其中"gauge_expend""gauge_range""gauge_temp"这3个合成按照步骤02中的参数设置"修剪路径"中"结束"的关键帧，并将名称对应的素材分别放置在各个合成中，效果如图6-18所示。

名称		类型	帧速率
界面合并	■	合成	60
界面演示介绍	■	合成	60
预览卡片	■	合成	60
状态详情	■	合成	60
gauge_battery	■	合成	60
gauge_expend	■	合成	60
gauge_power_steering_fluid	■	合成	60
gauge_range	■	合成	60
gauge_temp	■	合成	60
gauge_tire_pressure	■	合成	60
gauge_water_fluid	■	合成	60

图6-17

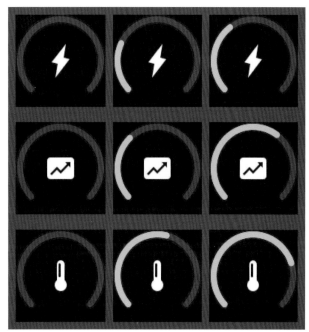

图6-18

05 对于剩下的"gauge_power_steering_fluid""gauge_tire_pressure""gauge_water_fluid"合成，同样将名称对应的素材分别放置在各个合成中，但不需要设置关键帧，只需将仪表盘中的数值展示出来即可，效果如图6-19所示。

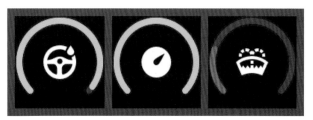

图6-19

06 回到"card_status"合成中，将"gauge_battery""gauge_range""gauge_temp""gauge_expend"合成从左往右依次导入该合成中，如图6-20所示。

07 选择"横排文字工具" ，在"gauge_battery""gauge_range""gauge_temp""gauge_expend"合成的正下方分别输入"80%""280km""27℃""200Wh/km"，如图6-21所示。这样，"card_status"合成就制作完成了。

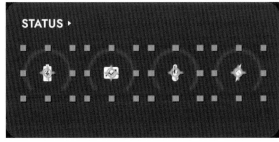

图6-20

图6-21

6.2.3 电池使用状态的卡片样式

01 新建一个合成，将其命名为"card_usage"，具体参数设置如图6-22所示，该合成用于制作电池使用状态的卡片样式。

02 将素材img_usage_mask.png和img_usage_bg.png导入图层中，并从上到下调整图层顺序，如图6-23所示。

03 选择工具栏中的"钢笔工具" ，绘制两条"描边大小"为3的曲线。绿线代表电池的电量,"描边颜色"为从左到右的线性渐变,颜色分别为#33FFBB和#62FFDF;蓝线代表电池的使用量,"描边颜色"为从左到右的线性渐变,颜色分别为#33BBFF和#00E6FF;最后将这两条线置于图层"img_usage_mask.png"之下,效果如图6-24所示。

图6-22

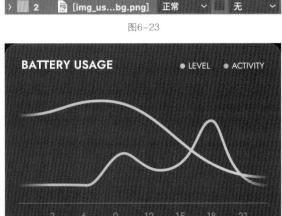

图6-23

图6-24

04 为这两条线的图层都添加"修剪路径"样式,在0:00:01:48处设置"修剪路径"中"结束"的关键帧,将参数设置为0.0%,在0:00:03:00处设置为100.0%,并为关键帧设置"缓动"效果,如图6-25所示。这样便将"card_usage"合成制作完成。

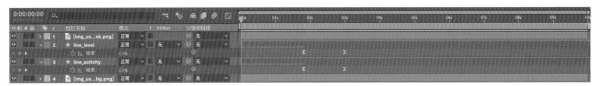

图6-25

6.2.4 天气状态的卡片样式

01 新建合成,将其命名为"card_weather",具体参数设置如图6-26所示,该合成用于制作天气状态的卡片样式。

图6-26

02 将素材img_cloudy_cloud.png、img_cloudy_sun.png和img_weather_bg.png导入图层中，并从上到下调整图层顺序，如图6-27所示。

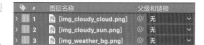

图6-27

03 将图层"img_cloudy_cloud.png"的"位置"设为96.0,166.0，在0:00:01:48处设置"不透明度"为0%，在0:00:03:00处设置为100%，如图6-28所示。

图6-28

04 设置图层"img_cloudy_sun.png"的关键帧，实现太阳穿出云层的动效，如图6-29所示。这样便将"card_weather"合成制作完成。

设置步骤

①在0:00:02:12处设置"内容"菜单中的"位置"关键帧，将"位置"参数设置为88.0,170.0；在0:00:03:00处设置为116.0,146.0，并给关键帧设置"缓动"效果。

②在0:00:02:12处设置"内容"菜单中的"不透明度"关键帧，将参数设置为0%；在0:00:02:48处设置为100%。

图6-29

6.2.5 承载所有卡片的合成

01 新建合成，命名为"预览卡片"，具体参数设置如图6-30所示，该合成用于承载前面所制作的各种卡片合成，并设置相关的动效。

02 双击工具栏中的"矩形工具"按钮■，快速建立与合成尺寸大小一样的矩形，然后将其重命名为"background"，并将"填充颜色"设为#101010。将"card_status""card_usage"和"card_weather"合成从上往下依次导入该合成中，效果如图6-31所示，合成顺序如图6-32所示。

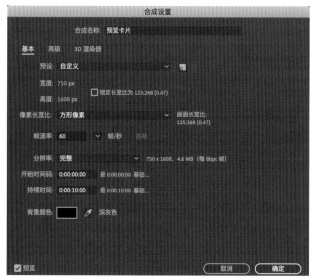

图6-30

图6-31

图6-32

03 设置合成"card_usage"的"位置"关键帧。在0:00:04:00处设置"位置"参数为375.0,772.0,在0:00:05:00处设置"位置"参数为375.0,522.0,并为这两个关键帧设置"缓动"效果；拖曳"当前时间指示器"至0:00:06:00处，单击"在当前时间添加或移除关键帧"按钮■，添加相同的关键帧；在0:00:06:12处设置"位置"参数为375.0,772.0；拖曳"当前时间指示器"至0:00:04:00处，将合成"card_weather"设置为合成"card_usage"的子级图层，如图6-33所示。

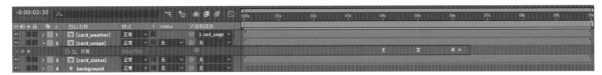

图6-33

04 设置合成"card_status"的"不透明度"关键帧。在0:00:04:00处设置"不透明度"参数为100%，在0:00:05:00处设置"不透明度"参数为0%，拖曳"当前时间指示器"至0:00:06:00处，单击"在当前时间添加或移除关键帧"按钮■以添加相同的关键帧，在0:00:06:12处设置"不透明度"参数为100%，如图6-34所示。这样就完成了"预览卡片"合成动效的制作。

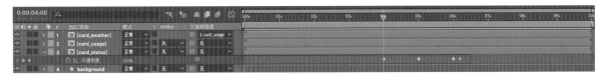

图6-34

6.2.6 完整效果

接下来制作车辆状态的完整动效。

01 新建合成，将其命名为"车辆状态"，具体参数设置如图6-35所示。

02 将合成"预览卡片"和素材overview_mask.png、img_car.png导入"车辆状态"合成中，并从上到下对图层进行排序，如图6-36所示。选择"向后平移（锚点）工具"■，将这些导入的图层锚点移至图层正上方，如图6-37所示。

图6-36

图6-35

图6-37

03 设置"预览卡片"合成的关键帧，实现渐现和滑动动效，如图6-38所示。

设置步骤

①在时间轴面板中将合成整体右移02:30。

②在0:00:02:30处设置"内容"菜单中的"位置"关键帧。将参数设置为375.0,1334.0，在0:00:03:00处设置为375.0,764.0；拖曳"当前时间指示器"至0:00:04:00处，添加相同的关键帧，在0:00:04:30处设置为375.0,-24.0；拖曳"时间指示器"至0:00:08:42处，添加相同的关键帧，在0:00:09:30处设置为375.0,764.0；给所有关键帧设置"缓动"效果。

③在0:00:02:30处设置"内容"菜单中的"不透明度"关键帧，将参数设置为0%；在0:00:03:00处设置为100%。

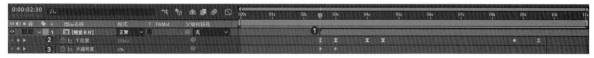

图6-38

04 将"overview_mask.png"图层的"位置"参数设置为375.0,1334.0，然后将其设置为"预览卡片"合成的子级图层，如图6-39所示。

图6-39

05 复制"img_car.png"图层，重命名为"mask"，设置"缩放"为90.0%,90.0%，"位置"为375.0,143.2；在时间轴面板中将显示区域调整为0:00:00:54~0:00:02:30，如图6-40所示。

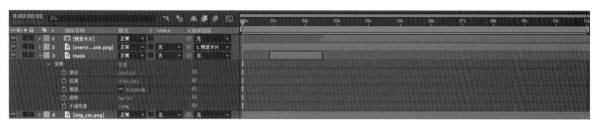

图6-40

06 选择"矩形工具"■，在合成中间新建一个"大小"为360.0,1480.0的矩形，将其重命名为"高光"，设置"填充颜色"为线性渐变，底色为#FFFFFF，"不透明度"为0%→100%→0%，如图6-41所示。接下来设置"位置"关键帧，在0:00:00:54处设置为-320.0,667.0，在0:00:01:41处设置为1120.0,667.0，在0:00:01:42处设置为-320.667，在0:00:02:30处设置为1120.0,667.0，然后将其移至"mask"图层的下方，并设置为"Alpha 遮罩'mask'"，如图6-41所示。这样就完成了加载过程的动效。

图6-41

07 下面设置"img_car.png"图层的关键帧,实现汽车线稿的进场动效,如图6-42所示。

设置步骤

①在0:00:00:30处设置"内容"菜单中的"位置"关键帧,将"位置"参数设置为375.0,703.2;在0:00:00:54处设置为375.0,143.2,拖曳"当前时间指示器"至0:00:02:30处,添加相同的关键帧;在0:00:03:00处设置为375.0,200.0;最后给所有关键帧设置"缓动"效果。

②在0:00:02:30处设置"内容"菜单中的"缩放"关键帧,将参数设置为90.0%,90.0%;在0:00:03:00处设置为100.0%,100.0%;最后给所有关键帧设置"缓动"效果。

③在0:00:00:30处设置"内容"菜单中的"不透明度"关键帧,将"不透明度"参数设置为0%;在0:00:00:42处设置为50%,拖曳"当前时间指示器"至0:00:02:30处,添加相同的关键帧;在0:00:03:00处设置为100%。

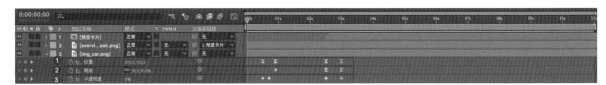

图6-42

08 开始制作闪光灯开关按钮的动效。新建合成,命名为"btn_flashing",具体参数设置如图6-43所示。

09 将素材ic_flashing_focused.png、ic_flashing_normal.png和btn_flashing_bg.png导入该合成中。选择"椭圆工具"，在合成中间新建一个"大小"为80.0,80.0的圆形,并命名为"btn_bg",设置"填充颜色"为从上到下的线性渐变,颜色分别为#464646和#363636。在菜单栏执行"图层>图层样式>投影"命令,设置"阴影颜色"为#000000、"不透明度"为60%、"角度"为0x+90.0°、"距离"为16、"大小"为24,最终效果如图6-44所示。

图6-43

图6-44

10 开始实现"btn_flashing"合成的相关动效。设置"ic_flashing_focused.png"图层的"不透明度"关键帧,在0:00:00:12处设置为0%,在0:00:00:24处设置为100%,如图6-45所示。

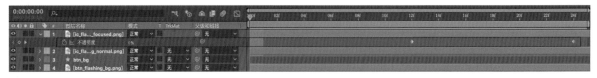

图6-45

11 设置"btn_bg"图层的关键帧,实现按钮点按的动效,如图6-46所示。

设置步骤

①设置"内容"菜单中"渐变填充"的"结束点"关键帧,在0:00:00:00处将参数设置为0.0,40.0;在0:00:00:06处设置为0.0,120.0;在0:00:00:18处设置为0.0,40.0。

②设置"图层样式"菜单中"投影"的"不透明度"关键帧,在0:00:00:00处将参数设置为60%;在0:00:00:06处设置为80%;在0:00:00:18处设置为60%。

③设置"图层样式"菜单中"投影"的"距离"关键帧,在0:00:00:00处将参数设置为16.0;在0:00:00:06处设置为4.0;在0:00:00:18处设置为16.0。

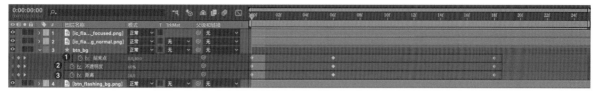

图6-46

12 开始制作发动机开关按钮的动效。新建合成,命名为"btn_engine",具体参数设置如图6-47所示。

13 将素材ic_led_focused.png、ic_led_normal.png、btn_engine_stop.png、btn_engine_start.png和btn_engine_bg.png导入该合成中。选择"椭圆工具"，在合成中间新建一个"大小"为184.0,184.0的圆形,并命名为"btn_bg",设置"填充颜色"为从上到下的线性渐变,颜色为#464646和#363636。在菜单栏执行"图层>图层样式>投影"命令,设置"阴影颜色"为#000000、"不透明度"为60%,"角度"为0x+90.0°,"距离"为20.0,"大小"为40.0。最终效果如图6-48所示。

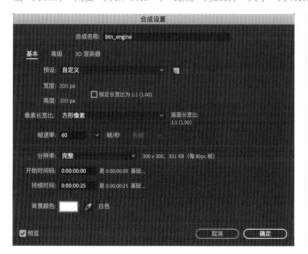

图6-47

图6-48

14 设置"ic_led_focused.png"图层的"不透明度"关键帧,在0:00:00:12处设置为0%,在0:00:00:24处设置为100%;设置"btn_engine_stop.png"图层的"不透明度"关键帧,在0:00:00:06处设置为0%,在0:00:00:18处设置为100%;设置"btn_engine_start.png"图层的"不透明度"关键帧,在0:00:00:06处设置为100%,在0:00:00:12处设置为0%,如图6-49所示。

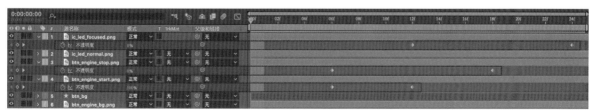

图6-49

15 设置"btn_bg"图层的关键帧,实现按钮点按的动效,如图6-50所示。

设置步骤

①设置"内容"菜单中"渐变填充"的"结束点"关键帧,在0:00:00:00处将参数设置为0.0,92.0;在0:00:00:06处设置为0.0,276.0;在0:00:00:18处设置为0.0,92.0。

②设置"图层样式"菜单中"投影"的"不透明度"关键帧,在0:00:00:00处将参数设置为60%;在0:00:00:06处设置为80%;在0:00:00:18处设置为60%。

③设置"图层样式"菜单中"投影"的"距离"关键帧,在0:00:00:00处将参数设置为20.0;在0:00:00:06处设置为5.0;在0:00:00:18处设置为20.0。

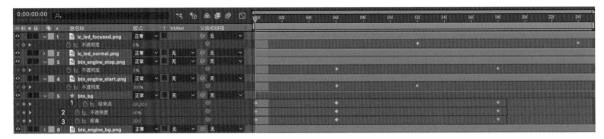

图6-50

16 制作车锁开关按钮的动效。新建合成，命名为"btn_lock"，具体参数设置如图6-51所示。

17 将素材img_to_unlock.png、img_to_lock.png和btn_lock_bg.png导入该合成中。在工具栏中选择"椭圆工具" ，在合成靠左的位置新建一个"大小"为80.0,80.0的圆形，并命名为"btn_bg"，设置"填充颜色"为从上到下的线性渐变，颜色为#464646和#363636。在菜单栏执行"图层>图层样式>投影"命令，设置"阴影颜色"为#000000，"不透明度"为60%，"角度"为0x+90.0°，"距离"为16.0，"大小"为24.0。最后将"img_to_unlock.png"设为"btn_bg"图层的子级图层，最终效果如图6-52所示。

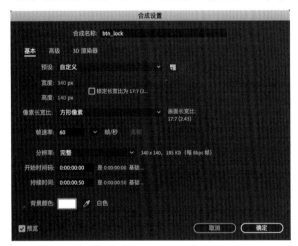

图6-51

图6-52

18 将illustrater文件ic_lock.ai导入该合成中，设置"缩放"参数为200.0%,200.0%，单击鼠标右键，执行"创建>从矢量图层创建形状"命令，然后将该形状与"btn_bg"图层中间对齐，并设为"btn_bg"图层的子级图层，如图6-53所示。

图6-53

19 选择"圆角矩形工具" ，在合成中间新建一个"大小"为268.0,88.0的圆角矩形，设置"圆度"为44.0，并重命名为"mask"，将其置于"img_to_unlock.png"图层上方，然后将"img_to_unlock.png"图层设置为"Alpha 遮罩 'mask'"，如图6-54所示。

图6-54

20 开始实现"btn_lock"合成的相关动效，设置"btn_bg"图层的关键帧，实现按钮左滑解锁的动效，如图6-55所示。

设置步骤

①设置"内容"菜单中"渐变填充"的"结束点"关键帧，在0:00:00:00处将"结束点"参数设置为0.0,40.0；在0:00:00:06处设置"结束

点"参数为0.0,120.0,拖曳"当前时间指示器"至0:00:00:36处,添加相同的关键帧;在0:00:00:48处设置"结束点"参数为0.0,40.0。

②设置"内容"菜单中"位置"关键帧在0:00:00:06处设置"位置"参数为80.0,70.0;在0:00:00:36处设置"位置"参数为260.0,70.0;最后给关键帧设置"缓动"效果。

③设置"图层样式"菜单中"投影"的"不透明度"关键帧,在0:00:00:00处设置"不透明度"参数为60%;在0:00:00:06处设置"不透明度"参数为80%,拖曳"当前时间指示器"至0:00:00:36处,添加相同的关键帧;在0:00:00:48处设置"不透明度"参数为60%。

④设置"图层样式"菜单中"投影"的"距离"关键帧,在0:00:00:00处设置"距离"参数为16.0;在0:00:00:06处设置"距离"参数为4.0,拖曳"当前时间指示器"至0:00:00:36处,添加相同的关键帧;在0:00:00:48处设置"距离"参数为16.0。

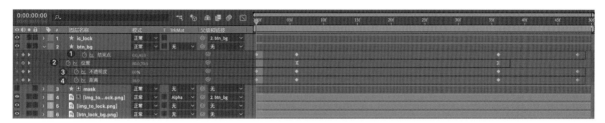

图6-55

21 找到"ic_lock"形状图层中"锁梁"的部分,使用"向后平移(锚点)工具" 将锚点移到"锁梁"的右下角,如图6-56所示。然后设置该部分"变换"菜单中的"旋转"关键帧,在0:00:00:06处设置为0x+0.0°,在0:00:00:36处设置为0x+30.0°,最后为关键帧设置"缓动"效果。

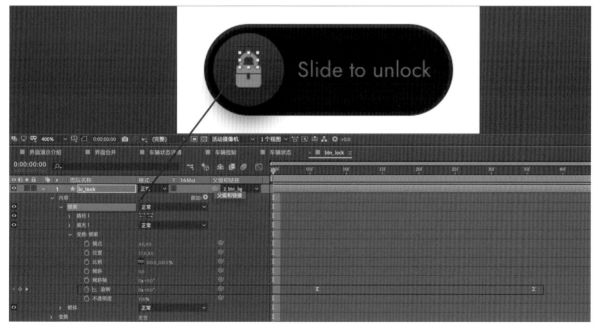

图6-56

22 设置"img_to_unlock.png"图层的"不透明度"关键帧,在0:00:00:06处设置为100%,在0:00:00:36处设置为0%;设置"img_to_lock.png"图层的"缩放"关键帧,在0:00:00:06处设置"缩放"参数为90.0%,90.0%,在0:00:00:36处设置"缩放"参数为100.0%,100.0%,并给关键帧设置"缓动"效果,如图6-57所示。

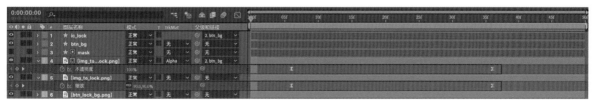

图6-57

23 回到"车辆状态"合成中,将"btn_flashing""btn_engine""btn_lock"合成导入该合成,并将其从上往下依次排放在合成画面中间,将其图层顺序调整为如图6-58所示。

24 选择合成"btn_flashing",并拖曳"当前时间指示器"至合成开始处,然后在菜单栏执行"图层>时间>冻结帧"命令,这样便将该合成的画面冻结在第1帧,以此方便后面的动效制作。按照该方法,将合成"btn_engine"和"btn_lock"的画面冻结在第1帧,如图6-59所示。

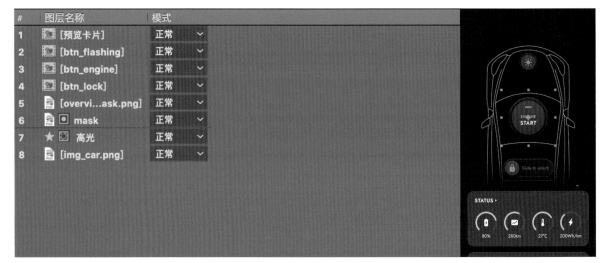

图6-58

图6-59

25 设置合成"btn_flashing"的相关效果,实现控制按钮渐现的效果,如图6-60所示。

设置步骤

①设置"变换"菜单中"缩放"关键帧,在0:00:02:46处设置"缩放"参数为90.0%,90.0%;在0:00:03:00设置为100.0%,100.0%。

②设置"变换"菜单中"不透明度"关键帧,在0:00:02:46处设置"不透明度"参数为0%;在0:00:03:00处设置为100%。

图6-60

26 复制步骤25中设置的所有关键帧,将"当前时间指示器"拖曳至0:00:02:46处,分别选择合成"btn_engine"和"btn_lock"并进行粘贴,如图6-61所示。

图6-61

6.3 制作车辆控制后的车辆状态详情的展示动效

"车辆控制"展示的是车辆被控制后的信息，本节主要制作汽车被控制后车辆状态的详情的动效，如图6-62所示。

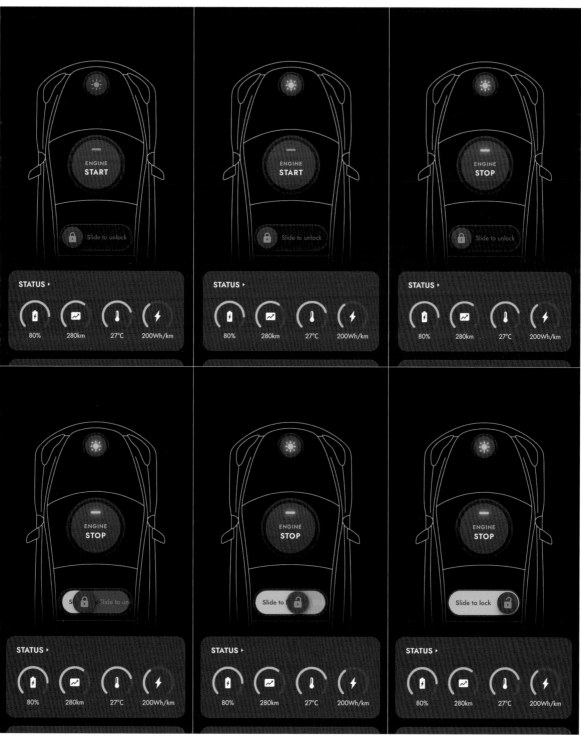

图6-62

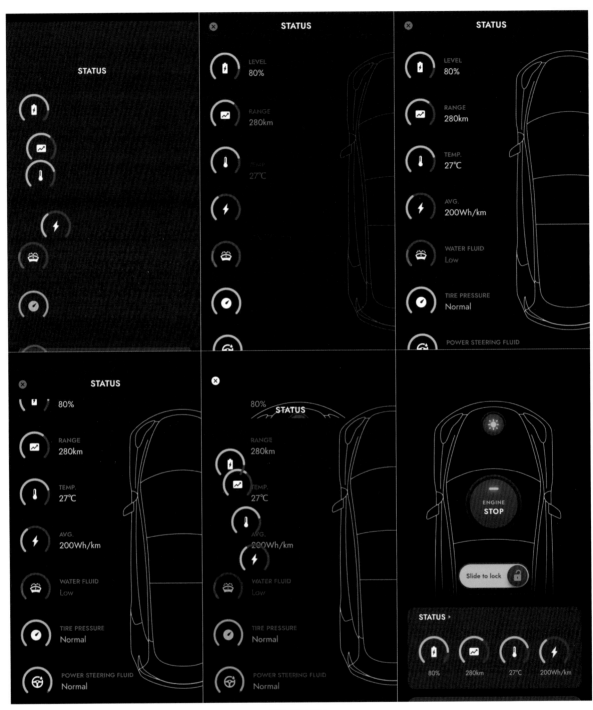

图6-62（续）

6.3.1 车辆控制状态

01 新建合成，并将其命名为"车辆控制"，具体参数设置如图6-63所示。

02 将上一节制作完成的合成"预览卡片"、"btn_flashing"、"btn_engine"和"btn_lock"，以及素材overview_mask.png和img_car.png导入图层中，并调整图层顺序，如图6-64所示。

图6-63

图6-64

03 选择"预览卡片"合成，并拖曳"当前时间指示器"至0:00:01:30处，然后在菜单栏执行"图层>时间>冻结帧"命令，这样便将该合成的画面冻结在这一帧，如图6-65所示。

图6-65

04 将"预览卡片"合成的锚点移至图层正上方，设置"位置"参数为375.0,764.0，效果如图6-66所示。

05 将合成"btn_flashing""btn_engine""btn_lock"的"位置"参数分别设为375.0,290.0、375.0,586.0和375.0,856.0，效果如图6-67所示。

图6-66

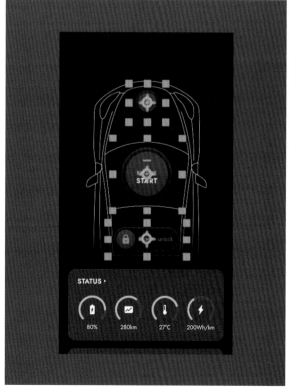

图6-67

06 复制一个 "btn_flashing" 合成,将其重命名为 "btn_flashing_focused"。选择 "btn_flashing_focused" 合成,将 "当前时间指示器" 拖曳至合成结束处,在菜单栏执行 "图层>时间>冻结帧" 命令,将画面冻结在这一帧,然后在时间轴面板中向右拖移 "当前时间指示器",使其开始在0:00:00:25处,即紧接在原有 "btn_flashing" 合成的后面,如图6-68所示。

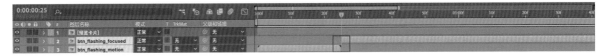

图6-68

07 复制出两个 "btn_engine" 合成,并分别重命名为 "btn_engine_normal" 和 "btn_engine_focused";选择 "btn_engine_normal" 合成,将 "当前时间指示器" 拖曳至合成开始处,将画面冻结在这一帧;选择 "btn_engine_focused" 合成,将 "当前时间指示器" 拖曳至合成结束处,将画面冻结在这一帧;最后在时间轴面板中对合成的时间轴进行拖曳并调整显示区域,由此拼接成完整的开关动效,如图6-69所示。

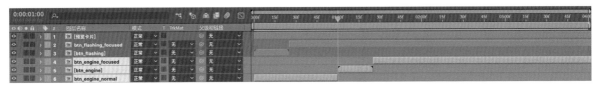

图6-69

08 根据步骤06的方法,将 "btn_lock" 合成进行同样的处理,但在时间轴面板中对合成的时间轴进行拖曳和调整显示区域的操作会有所区别,如图6-70所示。

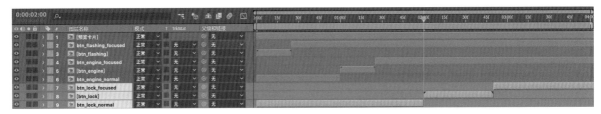

图6-70

09 将图层 "overview_mask.png" 和 "img_car.png" 的锚点移至图层正上方,将 "overview_mask.png" 图层的 "位置" 参数设为375.0,764.0,"img_car.png" 图层的 "位置" 参数设为375.0,200.0,效果如图6-71所示。

图6-71

6.3.2 车辆状态详情

根据以上步骤将"车辆控制"的展示动效通过设置关键帧和复杂的嵌套顺利实现，接下来将实现"车辆状态详情"涉及的展示动效。

01 复制"车辆控制"合成，并将复制出的合成重命名为"车辆状态详情"。将"持续时间"修改为0:00:05:00，如图6-72所示。

02 删除合成中的"预览卡片""btn_flashing""btn_engine""btn_engine_normal""btn_lock""btn_lock_normal"合成，并在时间轴面板中调整"btn_flashing_focused""btn_engine_focused""btn_lock_focused"合成的显示区域，使其能够在合成中保持显示状态，如图6-73所示。

图6-72

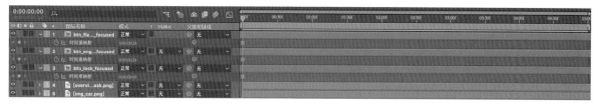

图6-73

03 打开"card_status"合成，复制图层"STATUS""ic_more.png""status_bg"后，回到"车辆状态详情"合成中进行粘贴。将素材img_usage_bg.png导入合成中，并将其移至"status_bg"图层的下方，再将素材ic_close_normal.png和ic_close_pressed.png也导入合成中，图层顺序如图6-74所示。

04 将图层"img_usage_bg.png"的锚点移至图层正上方，并设置"位置"参数为375.0,1308.0；设置图层"ic_close_normal.png"的"位置"参数为56.0,160.0，设置图层"ic_close_pressed.png"的"位置"参数为56.0,120.0，效果如图6-75所示。

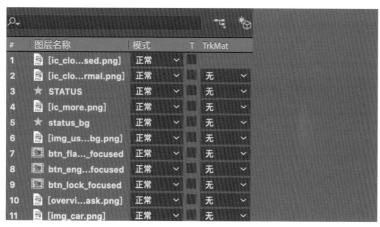

图6-74

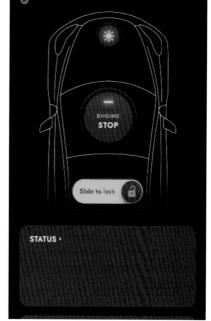

图6-75

05 接着开始制作该合成的相关动效，设置"ic_close_pressed.png"图层的"不透明度"关键帧，在0:00:03:00处设置"不透明度"参数为0%，在0:00:03:04处设置"不透明度"参数为100%，在0:00:03:12处设置"不透明度"参数为0%，如图6-76所示。

图6-76

06 设置"ic_close_normal.png"图层的关键帧，实现"渐现"和"滑动"效果，如图6-77所示。设置步骤如下。

设置步骤

①设置"变换"菜单中的"位置"关键帧，在0:00:00:18处将参数设置为56.0,160.0；在0:00:00:30处设置为56.0,120.0；最后给所有关键帧设置"缓动"效果。

②设置"变换"菜单中的"不透明度"关键帧，在0:00:00:18处将参数设置为0%；在0:00:00:30处设置为100%，拖曳"当前时间指示器"至0:00:03:00处，添加相同的关键帧；在0:00:03:12处设置为0%。

图6-77

07 设置"STATUS"图层的关键帧，如图6-78所示。

设置步骤

①设置"变换"菜单中的"位置"关键帧，在0:00:00:00处将参数设置为129.7,1030.0；在0:00:00:30处设置为375.0,118.3，拖曳"当前时间指示器"至0:00:03:00处，添加相同的关键帧；在0:00:03:30处设置为129.7,1030.0；最后给所有关键帧设置"缓动"效果。

②设置"变换"菜单中的"缩放"关键帧，在0:00:00:00处将参数设置为100.0%,100.0%；在0:00:00:30处设置为115.0%,115.0%，拖曳"当前时间指示器"至0:00:03:00处，添加相同的关键帧；在0:00:03:30处设置为100.0%,100.0%。

图6-78

08 设置"ic_more.png"图层的"不透明度"参数，在0:00:00:00处设置为100%，在0:00:00:12处设置为0%，拖曳"当前时间指示器"至0:00:03:18处，添加相同的关键帧；在0:00:03:30处设置为100%，如图6-79所示。

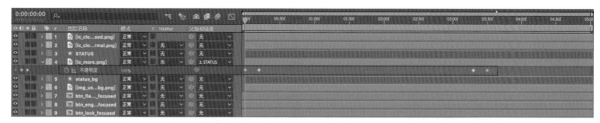

图6-79

09 设置 "status_bg" 图层的关键帧，实现背景的转场动效，如图6-80所示。

设置步骤

①设置 "内容" 菜单中 "矩形" 的 "大小" 关键帧，在0:00:00:00处将 "大小" 参数设置为670.0,296.0；在0:00:00:30处设置为750.0,1334.0，拖曳 "当前时间指示器" 至0:00:03:00处，添加相同的关键帧；在0:00:03:30处设置为670.0,296.0；最后给所有关键帧设置 "缓动" 效果。

②设置 "内容" 菜单中 "矩形" 的 "圆度" 关键帧，在0:00:00:00处将 "圆度" 参数设置为32.0；在0:00:00:30处设置为0.0，拖曳 "当前时间指示器" 至0:00:03:00处，添加相同的关键帧；在0:00:03:30处设置为32.0。

③设置 "内容" 菜单中 "矩形" 的 "填充颜色" 关键帧，在0:00:00:00处将参数设置为#363636；在0:00:00:30处设置为#101010，拖曳 "当前时间指示器" 至0:00:03:00处，添加相同的关键帧；在0:00:03:30处设置为#363636。

④设置 "变换" 菜单中的 "位置" 关键帧，在0:00:00:00处将 "位置" 参数设置为375.0,980.0；在0:00:00:30处设置为375.0,519.0，拖曳 "当前时间指示器" 至0:00:03:00处，添加相同的关键帧；在0:00:03:30处设置为375.0,980.0；最后给所有关键帧设置 "缓动" 效果。

⑤设置 "图层样式" 菜单中 "描边" 的 "不透明度" 关键帧，在0:00:00:00处将 "不透明度" 参数设置为20%；在0:00:00:30处设置为0%，拖曳 "当前时间指示器" 至0:00:03:00处，添加相同的关键帧；在0:00:03:30处设置为20%。

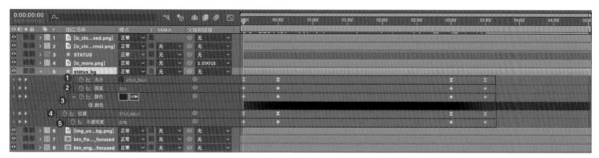

图6-80

6.3.3 展示动效

下面制作查看车辆状态的展示动效，步骤如下。

01 新建合成，命名为 "车辆状态参数"，其他参数设置如图6-81所示。

02 打开 "card_status" 合成，复制合成图层 "gauge_battery" "gauge_range" "gauge_temp" "gauge_expend"，以及文本图层 "80%" "280km" "27℃" "200Wh/km" 后，回到 "车辆状态参数" 合成中进行粘贴，并将合成图层一起移至y轴值为973.0的位置，文字图层一起移至y轴值为1045.0的位置，效果如图6-82所示。

图6-82
图6-81

03 选择合成图层"gauge_battery""gauge_range""gauge_temp""gauge_expend",并拖曳"当前时间指示器"至0:00:00:54处,然后在菜单栏执行"图层>时间>冻结帧"命令,这样便将该合成的画面冻结在这一帧,如图6-83所示。

图6-83

04 设置这些合成图层的"位置"关键帧,在0:00:00:00处设置"位置"参数分别为142.0,973.0、298.0,973.0、455.0,973.0、610.0,973.0;在0:00:00:30处设置"位置"参数分别为100.0,101.0、100.0,277.0、100.0,453.0、100.0,629.0;拖曳"当前时间指示器"至0:00:03:00处,添加相同的关键帧;在0:00:03:30处设置"位置"参数分别为142.0,973.0、298.0,973.0、455.0,973.0、610.0,973.0;最后给所有关键帧设置"缓动"效果,如图6-84所示。

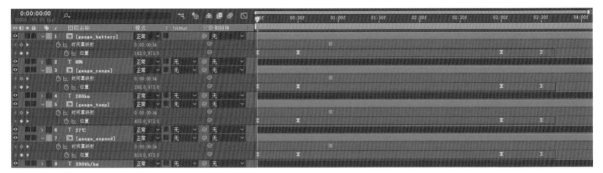

图6-84

05 设置文字图层的"不透明度"关键帧,在0:00:00:00处设置"不透明度"参数为100%;在0:00:00:30处设置"不透明度"参数为0%;拖曳"当前时间指示器"至0:00:03:00处,添加相同的关键帧;在0:00:03:30处设置"不透明度"参数为100%,如图6-85所示。

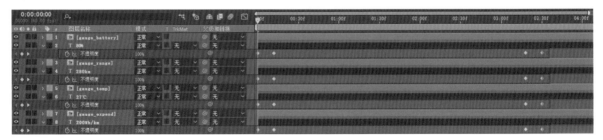

图6-85

06 将合成素材gauge_water_fluid、gauge_tire_pressure、gauge_power_steering_fluid,以及图片素材text_battery.png、text_range.png、text_temp.png、text_avg.png、text_water_fluid.png、text_tire_pressure.png、text_power_steering_fluid.png导入"车辆状态参数"合成中,并将它们按照该顺序从上往下放置在原有的图层下方,如图6-86所示。

图6-86

07 设置"gauge_water_fluid"图层的关键帧，如图6-87所示。

设置步骤

①设置"变换"菜单中的"位置"关键帧，在0:00:00:00处将参数设置为100.0,905.0；在0:00:00:18处设置为100.0,805.0；给所有关键帧设置"缓动"效果。

②设置"变换"菜单中的"不透明度"关键帧，在0:00:00:00将参数设置为0%；在0:00:00:18处设置为100%，拖曳"当前时间指示器"至0:00:03:00处，添加相同的关键帧；在0:00:03:12处设置为0%。

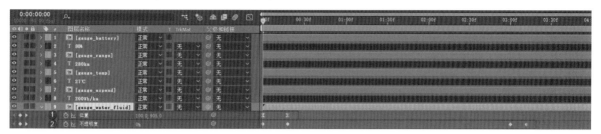

图6-87

08 设置"gauge_tire_pressure"图层的关键帧，如图6-88所示。

设置步骤

①设置"变换"菜单中的"位置"关键帧，在0:00:00:06处将"位置"参数设置为100.0,1081.0；在0:00:00:24处设置为100.0,981.0；给所有关键帧设置"缓动"效果。

②设置"变换"菜单中的"不透明度"关键帧，在0:00:00:06处将"不透明度"参数设置为0%；在0:00:00:24处设置为100%，拖曳"当前时间指示器"至0:00:03:00处，添加相同的关键帧；在0:00:03:12处设置为0%。

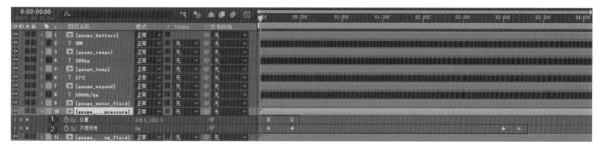

图6-88

09 设置"gauge_power_steering_fluid"图层的关键帧，如图6-89所示。

设置步骤

①设置"变换"菜单中的"位置"关键帧，在0:00:00:12处将"位置"参数设置为100.0,1257.0；在0:00:00:30处设置为100.0,1157.0；给所有关键帧设置"缓动"效果。

②设置"变换"菜单中的"不透明度"关键帧，在0:00:00:12处将"不透明度"参数设置为0%；在0:00:00:30处设置为100%，拖曳"当前时间指示器"至0:00:03:00处，添加相同的关键帧；在0:00:03:12处设置为0%。

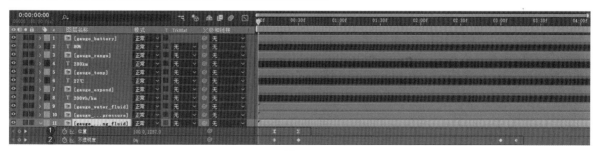

图6-89

10 根据步骤07至步骤09的方式，对图层"text_battery.png""text_range.png""text_temp.png""text_avg.png""text_water_fluid.png""text_tire_pressure.png""text_power_steering_fluid.png"也进行"位置"和"不透明度"关键帧的设置，如图6-90所示。"车辆状态参数"合成最终效果如图6-91所示。

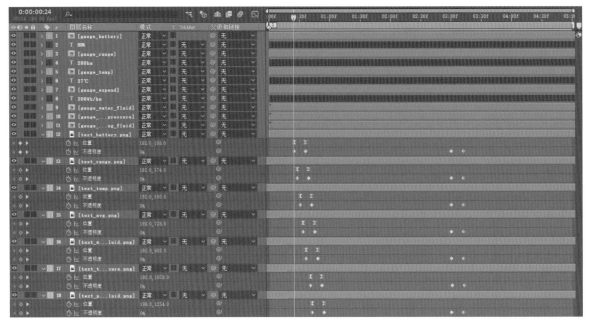

图6-90

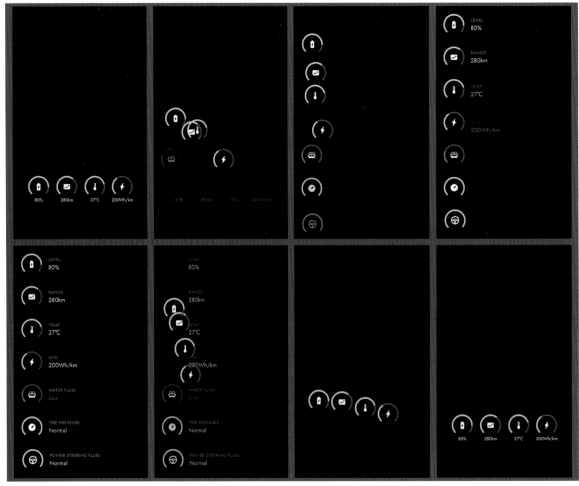

图6-91

11 回到"车辆状态详情"合成中，在工具栏中选择"矩形工具" ，新建一个"大小"为750.0,1158.0的矩形图层，将其对齐合成底部，重命名为"mask"，并置于"ic_more.png"图层下方；然后将上面制作完成的"车辆状态参数"合成导入该合成中，并置于"mask"图层下方，将其"位置"参数设为375.0,803.0，并设置为"Alpha 遮罩'mask'"；最后将素材img_car.png导入该合成中，将其"位置"参数设为750.0,740.0，如图6-92所示。

图6-92

12 设置"车辆状态参数"合成的"位置"关键帧，在0:00:02:00处参数为375.0,803.0；在0:00:02:18处设置为375.0,706.0；拖曳"当前时间指示器"至0:00:03:00处，添加相同的关键帧；在0:00:03:30设置为375.0,803.0；最后给所有关键帧设置"缓动"效果，如图6-93所示。

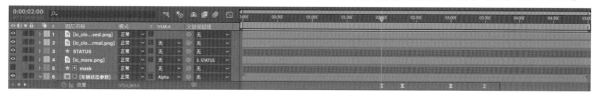

图6-93

13 设置"img_car.png"图层的关键帧，如图6-94所示。

设置步骤

①设置"变换"菜单中的"位置"关键帧，在0:00:00:24处将"位置"参数设置为750.0,740.0；在0:00:00:54处设置为440.0,740.0，拖曳"当前时间指示器"至0:00:03:00处，添加相同的关键帧；在0:00:03:30处设置为750.0,740.0；最后给所有关键帧设置"缓动"效果。

②设置"变换"菜单中的"不透明度"关键帧，在0:00:00:24处将参数设置为0%；在0:00:00:54处设置为100%，拖曳"当前时间指示器"至0:00:03:00处，添加相同的关键帧；在0:00:03:30处设置为0%。

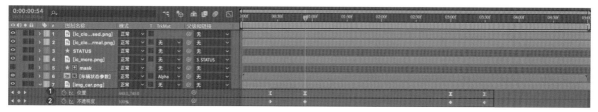

图6-94

6.4 制作界面合并与界面演示介绍的动效

通过前面的操作实现了"车辆状态"和"车辆控制"的展示动效，接下来本节将结合前面的动效，继续进行"界面合并"以及制作简单的"界面演示动画"，如图6-95所示。

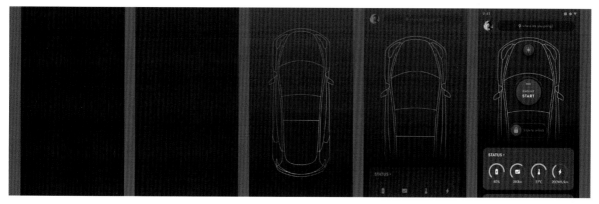

图6-95

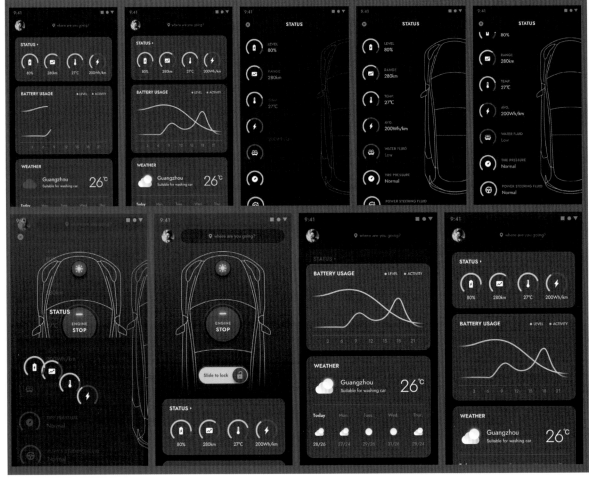

图6-95（续）

6.4.1 界面合并

01 新建合成，命名为"界面合并"，其他参数设置如图6-96所示。

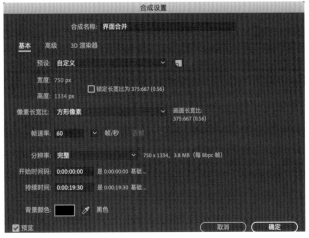

图6-96

02 将素材status_bar.png、nav_bar.png，以及"车辆状态""车辆控制""车辆状态详情"合成导入该合成中，调整图层顺序，如图6-97所示。

图6-97

03 设置图层"status_bar.png"的"位置"关键帧，在0:00:02:30处设置"位置"参数为375.0,-142.0；在0:00:03:00处设置"位置"参数为375.0,34.0；最后给关键帧设置"缓动"效果，如图6-98所示。

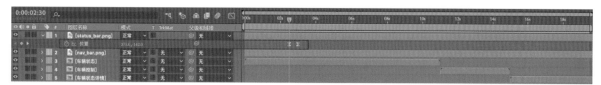

图6-98

04 设置图层"nav_bar.png"的关键帧，如图6-99所示。

设置步骤

①设置"变换"菜单中"位置"关键帧，在0:00:02:30为375.0,-88.0；在0:00:03:00处设置为375.0,88.0，拖曳"当前时间指示器"至0:00:15:14处，添加相同的关键帧；在0:00:15:30处设置为375.0,-88.0，拖曳"当前时间指示器"至0:00:18:00处，添加相同的关键帧；在0:00:15:30处设置为375.0,-88.0；最后给所有关键帧设置"缓动"效果。

②设置"变换"菜单中"不透明度"关键帧，在0:00:02:30处为0%；在0:00:03:00处设置为100%，拖曳"当前时间指示器"至0:00:15:14处，添加相同的关键帧；在0:00:15:30处设置为0%，拖曳"当前时间指示器"至0:00:18:00处，添加相同的关键帧；在0:00:15:30处设置为100%。

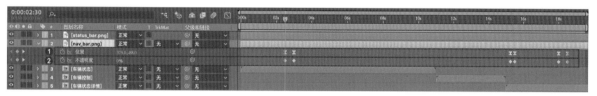

图6-99

05 将合成"车辆状态""车辆控制""车辆状态详情"首尾相接，如图6-100所示，这样便能将之前制作的动效衔接起来了。

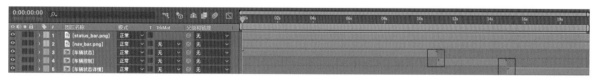

图6-100

06 在工具栏中双击"矩形工具"按钮■，快速建立与合成尺寸大小一样的矩形形状图层，并将其命名为"背景色"。设置"填充颜色"为从上到下的线性渐变，颜色是#353535和#101010，并将该图层移至所有图层的最下方，效果如图6-101所示。

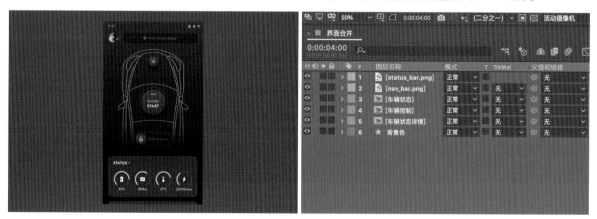

图6-101

07 设置"背景色"的"内容"菜单中"渐变填充"的关键帧，在0:00:00:30处将颜色设为#101010和#101010；在0:00:00:42处设置颜色为#353535和#101010，拖曳"当前时间指示器"至0:00:04:00处，添加相同的关键帧；在0:00:04:30处设置颜色为#101010和#101010，拖曳"当前时间指示器"至0:00:08:30处，添加相同的关键帧；最后在0:00:09:30处设置颜色为#353535和#101010；并为所有关键帧设置"缓动"效果，如图6-102所示。

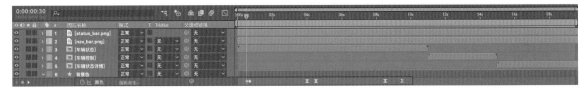

图6-102

08 通过以上步骤，就将前面所制作的动效进行结合，快速地完成了界面合并。在实际演示时，可能需要展示某一段动效的内容并进行相关介绍，这时可以通过强大的After Effects对动效进行简单的"剪辑"，效果如图6-103所示。

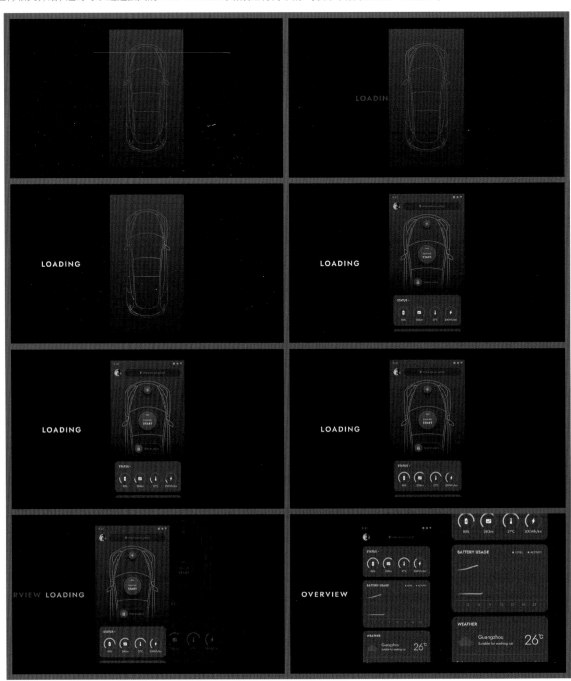

图6-103

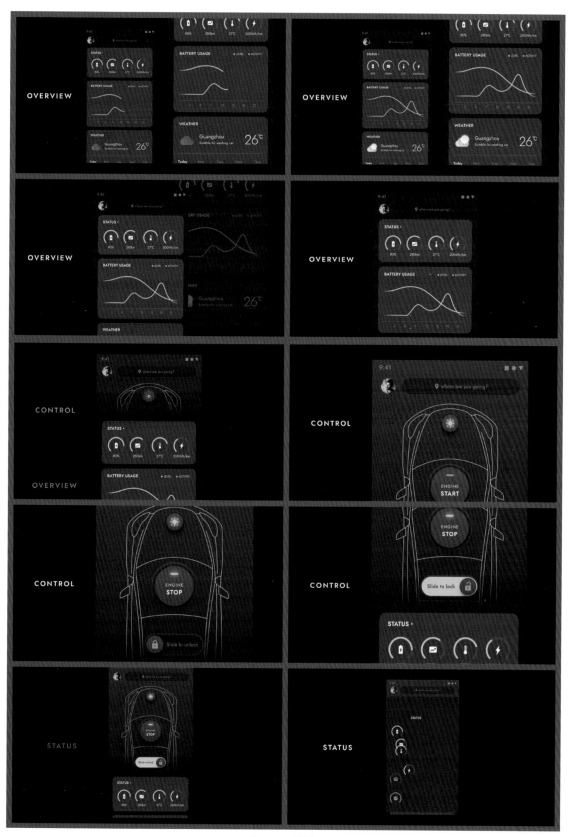

图6-103（续）

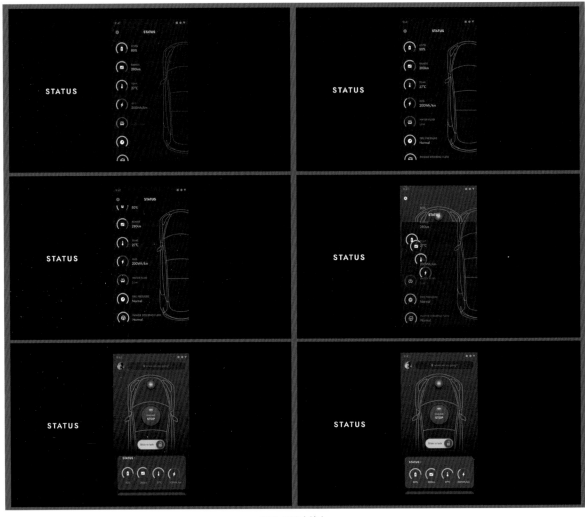

图6-103（续）

6.4.2 界面演示介绍

01 新建合成，并将其命名为"界面演示介绍"，其他参数设置如图6-104所示。

02 将"界面合并"合成导入该合成中，并复制出另外一个，分别将它们重命名为"界面合并1"和"界面合并2"，并调整图层顺序，如图6-105所示。

图6-104

图6-105

03 设置"界面合并2"合成的关键帧，实现其中一个界面的展示动效，如图6-106所示。

设置步骤

①设置"变换"菜单中"位置"关键帧，在0:00:03:36处将参数设置为960.0,540.0；在0:00:04:06处设置为740.0,540.0，拖曳"当前时间指示器"至0:00:06:00处，添加相同的关键帧；在0:00:06:30处设置为960.0,740.0，拖曳"当前时间指示器"至0:00:10:30处，添加相同的关键帧；在0:00:11:00处设置为1147.5,1113.5，拖曳"当前时间指示器"至0:00:11:42处，添加相同的关键帧；在0:00:12:00处设置为1147.5,675.9，拖曳"当前时间指示器"至0:00:12:42处，添加相同的关键帧；在0:00:13:00处设置为1147.5,261.9，拖曳"当前时间指示器"至0:00:14:00处，添加相同的关键帧；在0:00:14:42处设置为960.0,540.0；最后给所有关键帧设置"缓动"效果。

②设置"变换"菜单中"缩放"关键帧，在0:00:00:24处将"缩放"参数设置为100.0%,100.0%；在0:00:00:54处设置为70.0%,70.0%，拖曳"当前时间指示器"至0:00:06:00处，添加相同的关键帧；在0:00:06:30处设置为100.0%,100.0%，拖曳"当前时间指示器"至0:00:10:30处，添加相同的关键帧；在0:00:11:00处设置为150.0%,150.0%，拖曳"当前时间指示器"至0:00:14:00处，添加相同的关键帧；在0:00:14:42处设置为70.0%,70.0%；最后给所有关键帧设置"缓动"效果。

③设置"变换"菜单中"不透明度"关键帧，在0:00:00:24处将"不透明度"参数设置为0%；在0:00:00:54处设置为100%。

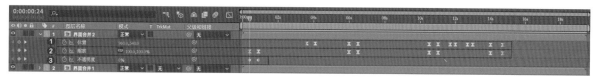

图6-106

04 设置"界面合并1"合成的关键帧，实现另一个界面的展示动效，如图6-107所示。

设置步骤

①设置"变换"菜单中"位置"关键帧，在0:00:03:36处将参数设置为960.0,1006.9；在0:00:04:06处设置为1460.0,1006.9；给所有关键帧设置"缓动"效果。

②设置"变换"菜单中"缩放"关键帧，在0:00:03:36处将参数设置为70.0%,70.0%；在0:00:04:06处设置为100.0%,100.0%；给所有关键帧设置"缓动"效果。

③设置"变换"菜单中"不透明度"关键帧，在0:00:03:36处将"不透明度"参数设置为0%；在0:00:04:06处设置"不透明度"参数为100%，拖曳"当前时间指示器"至0:00:06:00处，添加相同的关键帧；在0:00:06:18处设置"不透明度"参数为0%。

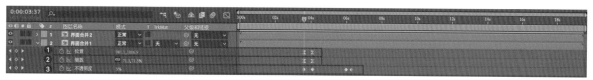

图6-107

05 在工具栏中选择"横排文字工具" ，在合成画面的左侧输入"LOADING"，并将其锚点移至图层左边的中间位置，如图6-108所示；接着设置该文本图层的关键帧，如图6-109所示。

设置步骤

①设置"变换"菜单中"位置"的关键帧，在0:00:00:54处设置"位置"参数为697.5,540.0，在0:00:01:18处设为220.0,540.0，拖曳"当前时间指示器"至0:00:03:36处，添加相同的关键帧；在0:00:04:00处设置为480.0,540.0；最后给所有关键帧设置"缓动"效果。

②设置"变换"菜单中"不透明度"的关键帧，在0:00:00:54处设置"不透明度"为0%，在0:00:01:18设为100%，拖曳"当前时间指示器"至0:00:03:36处，添加相同的关键帧；在0:00:04:00处设置为0%。

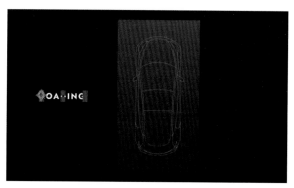

图6-108

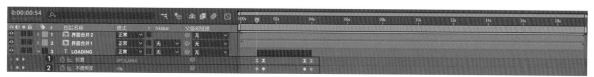

图6-109

06 使用"横排文字工具" ■ 在合成画面的左侧输入"OVERVIEW",并将其锚点移至图层左边的中间位置,如图6-110所示;设置该文本图层的关键帧,如图6-111所示。

设置步骤

①设置"变换"菜单中"位置"的关键帧,在0:00:03:36处设置"位置"参数为-299.1,540,在0:00:04:06处设置"位置"参数为84.0,540.0,拖曳"当前时间指示器"至0:00:06:00处,添加相同的关键帧;在0:00:06:30处设置"位置"参数为136.0,540.0,拖曳"当前时间指示器"至0:00:08:30处,添加相同的关键帧;在0:00:09:12处设置"位置"参数为136.0,1060.0;最后给所有关键帧设置"缓动"效果。

②设置"变换"菜单中"不透明度"的关键帧,在0:00:03:36处设置"不透明度"参数为0%,在0:00:04:06处设置为100%,拖曳"当前时间指示器"至0:00:08:30处,添加相同的关键帧;在0:00:09:12处设置为0%。

图6-110

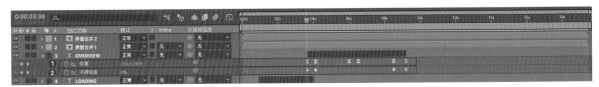

图6-111

07 使用"横排文字工具" ■ 在合成画面的左侧输入"CONTROL",并将其锚点移至图层左边的中间位置,如图6-112所示;设置该文本图层的关键帧,效果如图6-113所示。

设置步骤

①设置"变换"菜单中"位置"的关键帧,在0:00:08:30处设置"位置"为156.0,16.0,在0:00:09:12处设为156.0,540.0,给所有关键帧设置"缓动"效果。

②设置"变换"菜单中"不透明度"的关键帧,在0:00:08:30处设置"不透明度"为0%,在0:00:09:12处设为100%,拖曳"当前时间指示器"至0:00:14:00处,添加相同的关键帧;在0:00:14:20处设置"不透明度"参数为0%。

图6-112

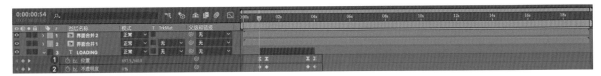

图6-113

08 使用"横排文字工具"在合成画面的左侧输入"STATUS",并将其锚点移至图层左边的中间位置,如图6-114所示;接着在0:00:14:20处,设置该文本图层的"不透明度"参数为0%,在0:00:14:42处设为100%,如图6-115所示。

提示 在工具栏中双击"矩形工具"按钮■,快速建立与合成尺寸大小一样的矩形形状图层,并将其命名为"背景"。设置"填充颜色"为#000000,并将该图层移至所有图层的最下方。这样就完成了综合案例的动效制作。

图6-114

图6-115